普通高等教育"十二五"规划建设教材

微生物学实验教程

宋　渊　主编

中国农业大学出版社

·北京·

内 容 提 要

本实验教程共选择编写了35个微生物学实验，内容可区分为3个部分：第一部分是微生物形态特征的观察，包括细菌的各种染色实验和培养特征的观察，放线菌、酵母菌和霉菌个体形态和培养特征的观察等。第二部分是微生物的生理实验，包括环境、化学因子等对微生物生长的影响、微生物对大分子物质的利用、糖发酵实验、生长曲线测定、厌氧培养技术等。第三部分是应用实验，包括土壤微生物的分离与活菌计数、微生物菌种的保藏、甜米酒和酸奶的制作、食品中大肠菌群的检测、水污染指示菌的检测、固氮菌和根瘤菌的分离、食用菌的栽培等。

本教材可作为普通高等院校生物、农学、植保、园艺、环境、林学、草业、食品等专业的教学用书。

图书在版编目(CIP)数据

微生物学实验教程/宋渊主编. —北京：中国农业大学出版社，2012.5
ISBN 978-7-5655-0519-5

Ⅰ.①微…　Ⅱ.①宋…　Ⅲ.①微生物学-实验-教材　Ⅳ.①Q93-33

中国版本图书馆CIP数据核字(2012)第045961号

书　　名　微生物学实验教程
作　　者　宋　渊　主编

责任编辑　张秀环　杨晓昱　　**责任校对**　陈　莹　王晓凤
封面设计　郑　川
出版发行　中国农业大学出版社
社　　址　北京市海淀区圆明园西路2号　　**邮政编码**　100193
电　　话　发行部 010-62818525,8625　　读者服务部 010-62732336
　　　　　　编辑部 010-62732617,2618　　出　版　部 010-62733440
网　　址　http://www.cau.edu.cn/caup　　**E-mail** cbsszs@cau.edu.cn
经　　销　新华书店
印　　刷　北京时代华都印刷有限公司
版　　次　2012年5月第1版　2012年5月第1次印刷
规　　格　787×980　16开本　11.25印张　200千字
定　　价　18.00元

图书如有质量问题本社发行部负责调换

编审人员

主　编　宋　渊

副主编　范君华　李炳学

编　者　（按姓氏拼音顺序排列）

范君华（塔里木大学）

辜运富（四川农业大学）

李炳学（沈阳农业大学）

宋　鹏（河南科技大学）

宋　渊（中国农业大学）

戚洪泉（青岛农业大学）

赵　艳（海南大学）

主　审　王贺祥

前　言

《微生物学实验教程》是一本介绍微生物学基本实验和操作的实验教程，适用于生物、农学、园艺、植保、土化、环境、林学、草业、食品等相关专业。

由于微生物体积微小，其实验方法不同于其他的生物学实验，因此在本实验教程的编写过程中，注重突出基础微生物学实验的特点，同时考虑到本实验教程的应用范围，也增加了在农学、环境、食品等方面的内容。教程编写力求简洁、实用性强。

参加本书编写工作的都是长期从事微生物学教学工作的教师，中国农业大学宋渊教授（任主编）编写实验四、十三、三十五和附录部分，塔里木大学范君华副教授（任副主编）编写实验一、八、十二、二十四、二十八和三十四，沈阳农业大学李炳学副教授（任副主编）编写实验二、九、十、二十五、二十六和二十七，四川农业大学辜运富讲师编写实验五、七、二十三、三十二和三十三，河南科技大学宋鹏讲师编写实验三、十五、十七、二十、二十一、二十二和三十一，青岛农业大学咸洪泉副教授编写实验十六、十八和十九，海南大学赵艳讲师编写实验六、十一、十四、二十九和三十。全书由宋渊和范君华统稿。

本教材在编写过程中，引用了一些相关的书刊和网站资料，王贺祥教授对书稿进行了审定，在此表示衷心的感谢。

由于编写时间仓促，作者水平有限，书中难免存在不足，恳请广大读者批评指正，以便今后进一步修订完善。

编　者

2012 年 1 月

目 录

微生物学实验室基本要求

在进行微生物学实验时，一个基本要求是无菌操作，即在实验过程中，要求避免与实验无关的微生物（我们通常称为杂菌）对我们正在研究的微生物产生污染。由于微生物非常微小，肉眼看不见，这就需要有特殊的实验室要求和实验操作要求，因此在进行微生物学实验时要求做到以下几点。

1. 平时注意保持实验室的整洁，废弃的实验用品应尽快清理出实验室。

2. 进入实验室后应尽量避免随意走动，不要大声交谈，保持室内安静。

3. 无菌操作室要定期消毒，不能随意进入。

4. 接种时，应严格遵守无菌操作规程，不要讲话。接种用的接种环、接种针及其他带菌用具，使用前后都应经火焰灭菌和放在指定的消毒器皿内，不要随意放置。

5. 勿将实验菌液洒在桌上或地上，如有菌液污染桌面或地面时，不要随便涂抹，应用75%酒精或5%石炭酸溶液消毒后再进行清理。

6. 实验过程中注意防火安全，万一遇有打翻酒精灯或酒精瓶，引起火险，应首先关闭电源，隔绝空气，再用湿布或沙土掩盖灭火，必要时用灭火器。

7. 实验废弃的菌种或带菌器皿灭菌后再进行清理。

8. 实验结束后，将手洗净，离开实验室前检查水电、门窗是否关好。

实验一　环境中的微生物检测

在我们生活的环境中，存在着无数的微生物。由于微生物个体微小、构造简单，单个微生物细胞很难用肉眼观察到，因此我们常常忽略它们的存在。但是，如果我们提供给微生物一个合适的生长基质，微生物就可以在基质表面大量繁殖，形成肉眼可见的微生物群体。

一、实验目的

1. 证明在我们生活的环境中存在许多微生物，充分认识微生物在自然界分布的广泛性。

2. 比较来自不同场所微生物的数量和类型。

3. 观察不同类群微生物的菌落形态特征。

4. 体会无菌操作在微生物实验中的重要性。

二、实验原理

培养基含有微生物生长所需要的营养成分，当微生物接种于培养基上，在一定的温度下培养，经过一段时间，一个微生物菌体细胞通过多次细胞分裂繁殖，就能形成一个肉眼可见的细胞群体。根据这一原理，我们可以将某一个样品，接种到一个平板培养基的表面，样品中的微生物就可以利用培养基中的营养物生长繁殖，形成一个我们肉眼可见的微生物群体。每一种微生物所形成的群体都有它自己的特点，根据微生物群体的特点，我们可以初步辨别出细菌、放线菌、酵母菌和霉菌。

三、实验材料与用品

培养基：牛肉膏蛋白胨琼脂培养基（也称细菌营养琼脂），150 mL 分装于 300 mL 三角瓶内。

器皿及材料：5 套无菌培养皿、酒精灯、记号笔、棉签或牙签、火柴，镊子等。

仪器与设备：恒温培养箱。

四、实验内容与方法

(一)制备培养基平板

点燃酒精灯,取 5 套无菌培养皿,再取一瓶已经融化并冷却到 50℃左右的牛肉膏蛋白胨琼脂培养基,按照无菌操作的要求,一般右手拿三角瓶,左手拔去棉塞,在酒精灯火焰上迅速轻烧瓶口,边烧边转动,进行瓶口的灭菌。左手拿培养皿,用大拇指和食指打开培养皿盖,迅速倒入约 15 mL 培养基,盖上皿盖,轻轻转动混匀,平放待其凝固后使用(图 1-1)。

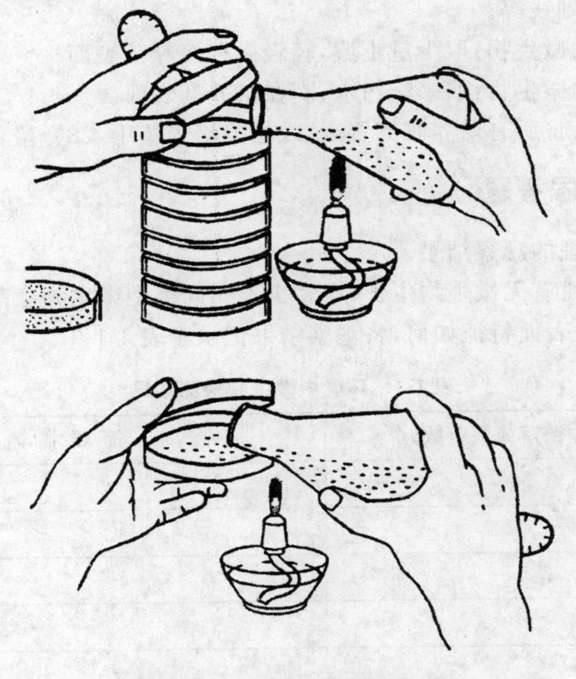

图 1-1　平板培养基制备示意图

按无菌操作的要求,整个操作过程都应在酒精灯的火焰周围进行。

(二)环境中微生物的检测

1. 培养皿标记　在操作前用记号笔在培养皿底面上先做上标记,标记上班级、姓名、日期、样品来源、处理方法等。标记一般写在皿底上,如果写在皿盖上,打开皿盖时,容易混淆,且标记最好写在皿底的一边,不要写在中间,以免影响观察。

2. 环境中的微生物检测　其中一个培养皿不打开,注明为对照(CK)。其余培养皿根据检测对象的不同,可以选择不同的处理方法,举例如下。

(1)空气中的微生物:打开一个培养皿盖,使其暴露在空气中15～20 min,然后盖上皿盖。

(2)人体表面微生物:在一个培养基的表面按一个手印,或手指在培养基表面轻轻地来回划几道线;也可取一根头发置于培养基表面,或用头发在培养基表面轻轻地来回划线等。

(3)人体内微生物:咳嗽,打开培养皿,对着培养基表面用力咳嗽,然后盖上皿盖;或用棉签蘸少量鼻腔内容物,在培养基表面轻轻划线;或用牙签取一点牙垢,在培养基表面轻轻划线等。

(4)土壤中的微生物:取少量土壤,轻轻撒在培养基表面。

(5)水体中的微生物:取一滴污水,滴在培养基表面。

处理完毕后,将所有培养皿倒置,放入恒温培养箱中,28℃培养,1～7 d观察。

五、作业与思考题

1.记录各处理的观察结果。

观察各培养皿有无微生物生长,有多少不相同类型微生物菌落或菌苔,它们的大小、形态、颜色、表面特征如何,将观察结果记录于表1-1中。

表1-1 环境中微生物检测结果

处理	菌落或菌苔数(个)	简要描述
CK		
No. 1		
No. 2		
No. 3		
No. 4		

2.实验中为什么要设对照,比较对照培养皿与处理培养基的结果,说明了什么?

3.比较不同处理的结果,哪一个处理的菌落(和菌苔)数与类型最多?说明什么?

4.在微生物的培养过程中,为什么要将培养皿倒置?

5.通过本次实验,谈谈你对无菌操作的认识?

实验二　光学显微镜的使用

显微镜是微生物学研究的重要工具，借助显微镜我们可以观察到微生物。普通光学显微镜利用目镜和物镜两组透镜系统放大成像，故称为复式显微镜。显微镜是一种精密的光学仪器，学会正确使用和保养显微镜，尤其是油镜的使用和保养。

一、实验目的

1. 了解普通光学显微镜的基本构造和工作原理。

2. 学习显微镜的正确使用方法和保养，使用油镜观察细菌个体形态。

二、实验原理

普通光学显微镜由机械装置和光学系统两大部分组成。

(一)显微镜的机械装置

显微镜的机械装置包括镜座、镜筒、物镜转换器、载物台、推动器、粗动（调节）螺旋、微动（调节）螺旋等部件（图 2-1）。

1. 镜座　镜座是显微镜的基本支架，它由底座和镜臂两部分组成。在它上面连接有载物台和镜筒，它是用来安装光学放大系统部件的基础。

2. 镜筒　镜筒上接目镜（也称接目镜），下接物镜转换器，形成接目镜与物镜（也称接物镜，装在转换器下）间的暗室。

从物镜的后缘到镜筒尾端的距离称为机械筒长。因为物镜的放大率是对一定的镜筒长度而言的，镜筒长度的变化，不仅放大倍率随之变化，而且成像质量也受到影响。因此，使用显微镜时，不能任意改变镜筒长度。国际上将显微镜的标准筒长定为 160 mm，此数字标在物镜的外壳上。

3. 物镜转换器　物镜转换器上可安装 3～4 个物镜，转动转换器，可以按需要将其中的任何一个物镜和镜筒接通，与镜筒上面的目镜构成一个放大系统。

4. 载物台　载物台中央有一孔，为光线通路。在台上装有弹簧标本夹和推动器，其作用为固定或移动标本的位置，使得镜检对象恰好位于视野中心。

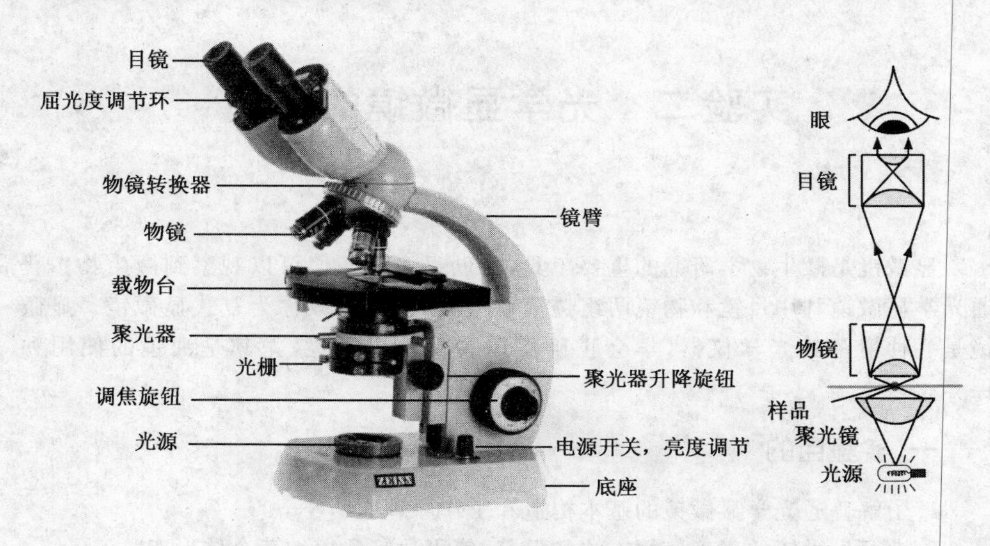

图 2-1　光学显微镜的构造及其成像原理

5. 推动器　是移动标本的机械装置，它是由一横一纵两个推进齿轴的金属架构成的，档次较高的显微镜在纵横架杆上刻有刻度标尺，构成很精密的平面坐标系。如果我们须重复观察已检查标本的某一部分，在第一次检查时，可记下纵横标尺的数值，以后按数值移动推动器，就可以找到原来标本的位置。

6. 粗动螺旋　粗动螺旋是调节物镜与标本间距离的机件。调节物镜与标本间的距离可以有 2 种方式：调节镜筒的升降或调节载物台的升降。老式显微镜多采用调节镜筒升降的方式，粗动螺旋向前扭，镜筒和物镜下降接近标本。新近产的显微镜多采用调节载物台升降的方式。镜检时，向前扭动粗动螺旋，载物台上升，让标本接近物镜，反之则下降，标本脱离物镜。

7. 微动螺旋　粗动螺旋只可以粗放地调节焦距，要得到最清晰的物像，需要用微动螺旋做进一步调节。微动螺旋每转一圈镜筒移动 0.1 mm（100 μm）。新近产的较高档次的显微镜的粗动螺旋和微动螺旋是共轴的。

（二）显微镜的光学系统

显微镜的光学系统由反光镜（或光源）、聚光器、物镜、目镜组成，光学系统使物体放大，形成物体放大像（图 2-1）。

1. 反光镜或光源　较早的普通光学显微镜是用自然光检视物体，在镜座上装有反光镜。反光镜是由一平面和另一凹面的镜子组成，可以将投射在它上面的光线反射到聚光器透镜的中央，照明标本。新近出产的较高档次的显微镜上都装有光源，并有电流调节旋钮，可通过调节电流大小调节光照强度。

2. 聚光器 聚光器在载物台下面，它是由聚光透镜、虹彩光圈和升降螺旋组成的。聚光器可分为明视场聚光器和暗视场聚光器，普通光学显微镜配置的都是明视场聚光器。

聚光器安装在载物台下，其作用是将光源（或经反光镜反射来）的光线聚焦于样品上，以得到最强的照明，使物像获得明亮清晰的效果。聚光器的高低可以调节，使焦点落在被检物体上，以得到最大亮度。一般聚光器的焦点在其上方 1.25 mm 处，而其上升限度为载物台平面下方 0.1 mm。因此，要求使用的载玻片厚度应在 0.8～1.2 mm，否则被检样品不在焦点上，影响镜检效果。聚光器透镜组前面还装有虹彩光圈，它可以开大和缩小，影响成像的分辨力和反差。升降螺旋用于调节聚光器的升降。

3. 物镜 安装在镜筒前端转换器上的接物透镜，利用光线使被检物体第一次造像。物镜成像的质量，对分辨力有着决定性的影响。物镜的性能取决于物镜的数值孔径(numerical aperture，简写为 NA)，每个物镜的数值孔径都标在物镜的外壳上，数值孔径越大，物镜的性能越好。

物镜的种类很多，可从不同角度来分类：

根据物镜前透镜与被检物体之间的介质不同，可分为：

(1)干燥系物镜 以空气为介质，如常用的放大率 40×以下的物镜，数值孔径均小于 1。

(2)油浸系物镜 此物镜也称油镜，常以香柏油为介质，其放大率为 90～100×，数值孔径大于 1。

根据物镜放大率的高低，可分为：

(1)低倍物镜 指放大率为 1～6×，数值孔径值为 0.04～0.15 的物镜。

(2)中倍物镜 指放大率为 6～25×，数值孔径值为 0.15～0.40 的物镜。

(3)高倍物镜 指放大率为 25～63×，数值孔径值为 0.35～0.95 的物镜。

(4)油浸物镜 指放大率为 90～100×，数值孔径值为 1.25～1.40 的物镜。

4. 目镜 目镜的作用是把物镜放大了的实像再放大一次，并把物像映入观察者的眼中。普通光学显微镜常用的目镜为惠更斯目镜(huygens eyepiece)，它的结构较物镜简单，由两片未经过色差校正的凸透镜组成，上端的一块透镜称“目透镜”，下端的透镜称“场透镜”，在两块透镜之间的目透镜焦平面上放一光栏，把显微刻度尺(目镜测微尺)放在此光栏上，从目镜中可观察到叠加在物像上的刻度。由于惠更斯目镜没有校正像差，只适合与低、中倍消色差物镜配合使用，它的放大倍数一般不超过 15 倍，性能更好的目镜有：补偿目镜(K)、平场目镜(P)、广视场目镜

(WF),照相时选用照相目镜(NFK)。

(三)显微镜的性能

显微镜分辨能力的高低决定于光学系统的各种条件。被观察的物体必须放大率高,而且清晰。物体放大后,能否呈现清晰的细微结构,首先取决于物镜的性能,其次为目镜和聚光镜的性能。

1.数值孔径(NA)　也称镜口率(或开口率),在物镜和聚光器上都标有它们的数值孔径,数值孔径是物镜和聚光器的主要参数,也是判断它们性能的最重要指标。数值孔径与显微镜的各种性能有密切的关系,它与显微镜的分辨力成正比,与焦深成反比,与镜像亮度的平方根成正比。

数值孔径可用下式表示:

$$NA = n \cdot \sin\frac{\alpha}{2}$$

式中:n 是物镜与标本之间的介质折射率,α 是物镜的镜口角,即从物镜前发光点发出的光线与物镜透镜有效直径边缘所张的角度(图 2-2)。

干燥物镜的数值孔径总是小于 1,一般为 0.05～0.95,油浸物镜(如用香柏油,折射率为 1.52)理论上数值孔径最大可接近 1.5。但从实际的透镜制造技术看,是不可能达到这一极限的。通常在实用范围内,高级油浸物镜的最大数值孔径是 1.4。

几种常见介质的折射率:空气为 1.00、水为 1.33、石蜡油为 1.46、甘油为 1.47、香柏油为 1.52、各种玻璃的折射率在 1.5～1.7。介质折射率对物镜光线通路的影响见图 2-3。

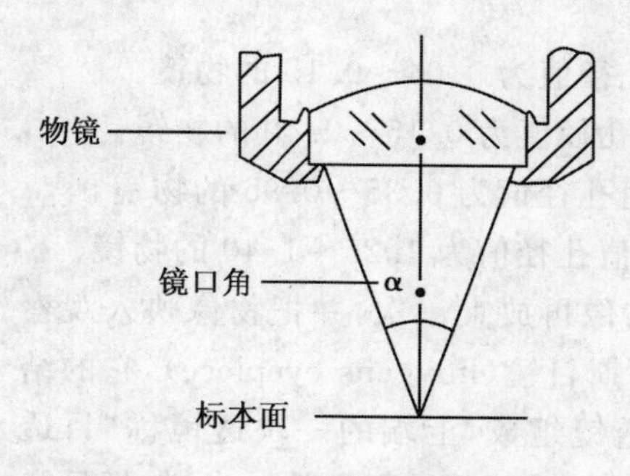

图 2-2　物镜的光线入射角

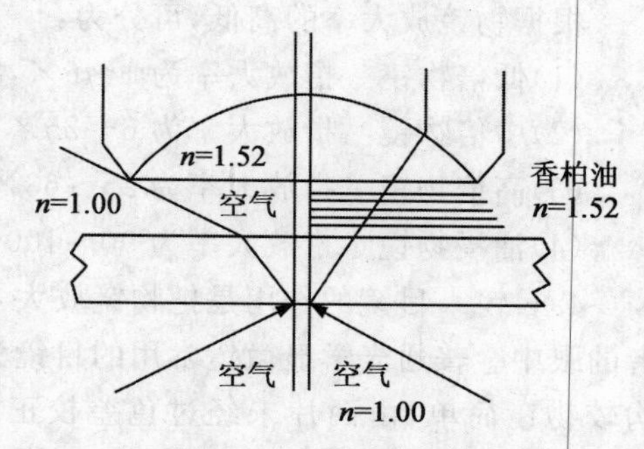

图 2-3　干燥物镜和油浸物镜光线通路

2.分辨力(D)　指显微镜能分辨出两点间的最小距离,也称分辨率,显微镜优劣主要决定于分辨力。

显微镜的分辨力决定于光的波长和物镜的数值孔径，可用下式表示：

$$D=\frac{\lambda}{2NA}$$

可见光的波长为 0.4～0.7 μm，平均波长为 0.55 μm。若用数值孔为 0.65 的物镜，则 $D=0.55\div(0.65\times2)=0.42(\mu m)$。这表示被检物体在 0.42 μm 以上时可被观察到，若小于 0.42 μm 就不能视见。如果使用数值孔径为 1.25 的物镜，则 $D=0.55\div(1.25\times2)=0.22(\mu m)$，即被检物体大于这个数值，均能视见。

3.放大率　显微镜放大物体，首先经过物镜第一次放大造像，目镜在明视距离造成第二次放大像。放大率就是最后的像和原物体两者体积大小之比例。显微镜的放大率(V)等于物镜放大率(V_1)和目镜放大率(V_2)的乘积，即 $V=V_1\times V_2$。

4.焦深　在显微镜下观察一个标本时，焦点对在某一像面时，物像最清晰，这像面为目的面。在视野内除目的像面外，还能在目的面的上面和下面看见模糊的物像，这两个面之间的距离称为焦深。物镜的焦深和数值孔径及放大率成反比：即数值孔径和放大率愈大，焦深愈小。因此，调节油镜比调节低倍镜要更加仔细，物像容易滑过而找不到。

(四)光学显微镜的成像原理

图 2-1 是显微镜的成像原理。在显微镜的光学系统中，物镜的性能最为关键，它直接影响着显微镜的分辨力。而在普通光学显微镜通常配置的几种物镜中，油镜的放大倍数最大，对微生物学研究最为重要。与其他物镜相比，油镜的使用比较特殊，需在载玻片与镜头之间滴加香柏油。

油镜的放大倍数可达 100×，放大倍数这样大的镜头，焦距很短，直径很小，但所需要的光照强度却最大。从承载标本的玻片透过来的光线，因介质密度不同(从玻片进入空气，再进入镜头)，有些光线会因折射或全反射，不能进入镜头，致使在使用油镜时会因射入的光线较少，物像显现不清。所以为了不使通过的光线有所损失，在使用油镜时须在油镜与载玻片之间加入与玻璃的折射率相仿的香柏油。

三、实验材料与用品

染色标本片：大肠杆菌(*Escherichia coli*)、金黄色葡萄球菌(*Staphylococcus aureus*)和枯草芽孢杆菌(*Bacillus subtilis*)染色标本片。

器皿及材料：香柏油、二甲苯、擦镜纸等。

仪器与设备：光学显微镜。

四、实验内容与方法

(一)观察前的准备

1. 显微镜的安置　置显微镜于平整的实验台上，镜座距实验台边缘 3～4 cm。镜检时姿势要端正。

取放显微镜时应一手握住镜臂，一手托住底座，使显微镜保持直立、平稳。切忌用单手拎提，且不论使用单筒显微镜或双筒显微镜均应双眼同时睁开观察，以减少眼睛疲劳，也便于边观察边绘图或记录。

2. 光源调节　正确的照明是获得良好检查效果的前提条件。晴天对着窗户的散射阳光是很好的光源，但应避免强烈的直射光。在光线不足时，可用 8～30 W 的日光灯或特制的显微镜灯作光源。普通灯泡的光，因有黄色光而影响观察，需在聚光器下加放一块蓝色滤光片。

调节光照的一般步骤如下。

(1)将低倍物镜旋到镜筒下方，旋转粗动螺旋，使镜头和载物台相距 0.5 cm 左右。

(2)上升聚光器，使之与载物台相距 1 cm 左右。

(3)左眼看目镜，调节反光镜镜面角度(在天然的光线下观察，一般用平面反光镜，若以灯光为光源，一般多用凹面反光镜)。开闭光栅，调节光线强弱，直至视野内得到最均匀、最适宜的照明为止。一般使用油镜检查时，光度宜强，可将光栅开大，聚光器上升到最高处，用凹面反光镜。

现在自带光源的双(目镜)筒显微镜得到了普遍使用，使用这种显微镜时，光源的调节可通过底光源调节旋钮，聚光器升降和光栅开闭进行。

3. 调节双筒显微镜的目镜间距和屈光度　双筒显微镜在使用时要注意调节双筒之间的距离，使视野重合为一个。由于我们双眼视力存在差异，双筒显微镜在设计上左侧镜筒设有屈光度调节环，可根据我们每个人的具体情况进行调节，达到双眼的最佳观察效果。

4. 聚光器数值孔径值的调节　调节聚光器虹彩光圈值与物镜的数值孔径值相符或略低。有些显微镜的聚光器只标有最大数值孔径值，而没有具体的光圈数刻度。使用这种显微镜时可在样品聚焦后取下一目镜，从镜筒中看着视野，同时缩放光圈，调整光圈的边缘与物镜边缘黑圈相切或略小于其边缘。因为各物镜的数值孔径值不同，所以每转换一次物镜都应进行这种调节。

在聚光器的数值孔径值确定后，若需改变光照强度，可通过升降聚光器或改变光源的亮度来实现，原则上不应再通过虹彩光圈的调节。当然，有关虹彩光圈、聚光器高度及照明光源强度的使用原则也不是固定不变的，只要能获得良好的观察效果，有时也可根据不同的具体情况灵活运用，不一定拘泥不变。

(二)显微观察

在目镜保持不变的情况下，使用不同放大倍数的物镜所能达到的分辨率及放大率都是不同的。一般情况下，特别是初学者，进行显微观察时应遵守从低倍镜到高倍镜再到油镜的观察程序，因为低倍数物镜视野相对大，易发现目标及确定检查的位置。

1. 低倍镜观察(8×或10×)　取细菌染色标本片置于载物台上(注意标本面朝上)，用推动器的标本夹夹住，移动推动器使观察对象处在物镜的正下方。下降物镜至距标本约0.5 cm处，用粗动螺旋慢慢升起镜筒，使标本在视野中初步聚焦，再使用微动螺旋上、下微微转动，仔细调节焦距和照明，直至视野内获得清晰的物像。

通过推动器慢慢移动玻片，认真观察标本各部位，找到合适的目的物，仔细观察并记录所观察到的结果。

在任何时候使用粗动螺旋聚焦物像时，必须养成先从侧面注视小心调节物镜靠近标本，然后用目镜观察，慢慢调节物镜离开标本进行对焦的习惯，以免因一时的误操作而损坏镜头及玻片。

2. 高倍镜观察(40×)　低倍镜下找到合适的观察目标并将其移至视野中心后，轻轻转动物镜转换器将高倍镜移至工作位置。对聚光器光圈及视野亮度进行适当调节后微调微动螺旋使物像清晰，利用推动器移动标本仔细观察并记录所观察到的结果。

在一般情况下，当物像在一种物镜中已清晰聚焦后，转动物镜转换器将其他物镜转到工作位置进行观察时，物像将保持基本准焦的状态，这种现象称为物镜的同焦。利用这种同焦现象，可以保证在使用高倍物镜等放大倍数高、工作距离短的物镜时仅用微动螺旋即可对物像清晰聚焦，从而避免由于使用粗动螺旋时可能的误操作而损坏镜头或玻片。

3. 油镜观察(90×或100×)　在高倍镜或低倍镜下找到要观察的样品区域后，用粗动螺旋将镜筒升高，然后将油镜转到工作位置。在待观察的样品区域加1滴香柏油，从侧面注视，用粗动螺旋将镜筒小心地降下，使油镜浸在香柏油中并几乎与标本相接触。将聚光器升至最高位置，光栅全部打开，调节照明使视野亮度合适。用粗动螺旋将镜筒徐徐上升，当视野中有模糊的标本物像时，改用微动螺旋调节，直至标本物像清晰为止。

如果按上述操作找不到目的物，则可能是由于油镜下降还未到位，或因油镜上升太快，以至眼睛捕捉不到一闪而过的物像。遇此情况，应重新操作。另外应特别注意不要因在下降镜头时用力过猛，或调焦时误将粗动螺旋反方向转动而损坏镜头及玻片。

(三)显微镜用毕后的处理

1.上升镜筒，取下载玻片。

2.先用一张擦镜纸擦去镜头上的香柏油，然后再取一张擦镜纸蘸上少许二甲苯(香柏油易溶于二甲苯)擦去镜头上残留的香柏油，最后再用一张干净的擦镜纸擦去残留的二甲苯。

3.用擦镜纸清洁其他物镜及目镜，用绸布清洁显微镜的金属部件。

4.将显微镜的各部分还原，反光镜垂直于镜座，将物镜转成“八”字形置于载物台上，同时把聚光镜降下，然后将显微镜放回镜箱中。

(四)其他注意事项

1.显微镜应存放在干燥阴凉的地方，不要放在强烈的日光下曝晒，梅雨季节应在显微镜箱内放置干燥剂(硅胶)。如长时间不用，则光学部分应卸下放在干燥器中，以免受潮生霉。

2.显微镜严禁与挥发性药品或腐蚀性药品放在一起，如碘片、盐酸、硫酸等药品。

3.使用前应先将显微镜擦拭一遍，用擦镜纸将镜头擦净，若遇到载物镜台或镜头上有香柏油，可用擦镜纸蘸上少量二甲苯将其擦去。

4.使用时如发现显微镜操作不灵活或有损坏，不要擅自拆卸修理，应由专业人员进行修理。

5.注意保护镜头，切不可压碎标本玻片，损坏镜头。

五、作业与思考题

1.普通光学显微镜的光学系统由哪几部分组成？它们的作用是什么？

2.何为物镜的数值孔径？它与显微镜的性能有何关系？

3.使用油镜观察时，为什么要滴加香柏油？

4.说明使用油镜的注意事项。

实验三　细菌的简单染色及菌落特征观察

细菌细胞体小而透明，在普通的光学显微镜下不易识别，必须借助染色法使菌体着色，以便在显微镜下进行观察。简单染色法是利用单一染料对细菌进行染色的一种方法，是微生物学实验中的一项基本技术。

细菌菌落特征的观察，是学习微生物学的重要内容。细胞形态是菌落形态的基础，菌落形态是细胞形态在群体集聚时的反映。菌落形态包括菌落的大小、形状、边缘、光泽、颜色和透明程度等。每一种细菌在一定条件下形成固定的菌落特征，不同种或同种在不同的培养条件下，菌落特征是不同的。这些特征对菌种识别、鉴定有一定意义。

一、实验目的

1. 学习细菌涂片、染色的基本技术，掌握细菌的简单染色法。
2. 初步认识细菌的形态特征。
3. 巩固显微镜（油镜）的使用方法和无菌操作技术。
4. 观察细菌的菌落的形状、大小、色泽、透明度、边缘等特征。

二、实验原理

利用单一染料对细菌进行染色，使经染色后的菌体与背景形成明显的色差，从而能更清楚地观察到其形态和结构。此法操作简便，适用于菌体一般形状和排列的观察。简单染色常用碱性染料，因为在中性、碱性或弱酸性溶液中，细菌细胞通常带负电荷，而碱性染料在电离时，其分子的染色部分带正电荷，因此碱性染料的染色部分很容易与细菌结合使细菌着色。经染色后的细菌细胞与背景形成鲜明的对比，在显微镜下更易于识别。常用作简单染色的染料结晶紫、碱性复红等。

菌落是由某一种微生物的一个或少数几个细胞（包括孢子）在固体培养基上繁殖后形成的肉眼可见的，有一定形态和构造的子细胞集团。其形态和构造是细胞形态和构造在宏观层次上的反映，两者有密切的相关性。细菌的菌落有其自己的特征，一般呈现湿润、较光滑、较透明、较黏稠、易挑取、质地均匀以及菌落正反面或边缘与中央部位颜色基本一致等。不同形态生理类型的细菌，在其菌落形态、构造等特征上也有许多明显的反映。如无鞭毛不能运动的细菌，尤其是球菌通常都形成较小、较厚、边缘圆整的半球状菌落；长有鞭毛运动能力强的细菌一般形成大而平坦、边缘多刻缺、不规则的菌落；有糖被的细菌会长出大型、透明、蛋清状的菌落；有芽孢的细菌往往长出外观粗糙、干燥、不透明且表面多褶的菌落；有些能产生色素的细菌菌落还显出鲜艳的颜色等。

三、实验材料与用品

菌种：大肠杆菌（*Escherichia coli*）、金黄色葡萄球菌（*Staphyloccocus aureus*）和枯草芽孢杆菌（*Bacillus subtilis*）斜面菌种各一支，单菌落划线平板各一个。大肠杆菌在37℃培养18～20 h，金黄色葡萄球菌和枯草芽孢杆菌在28℃培养18～20 h。

染色液：草酸铵结晶紫染液或番红染液。

器皿及材料：洁净载玻片（保存在75%酒精的洁净玻片缸中）、接种环、酒精灯、75%消毒酒精瓶、滤纸、无菌水、擦镜纸、香柏油、二甲苯、镊子、洗瓶、染色盘、载玻片架、记号笔、废玻片缸、火柴等。

仪器与设备：光学显微镜。

四、实验内容与方法

（一）简单染色

1. 选取载玻片　载玻片要洁净无油污，菌体才能涂布均匀。通常洗干净的载玻片浸泡在75%的酒精溶液中备用。用镊子从洁净玻片缸中夹取一块载玻片，在酒精灯火焰上燃烧除去残留的酒精，冷却备用。

2. 取菌　在微生物学的操作中，需特别注意无菌操作，无菌操作是微生物学实验操作中最基本的要求，这里以取菌涂片简要说明：①一般情况下是左手持菌种斜面，右手持接种环；②将接种环置于75%消毒酒精瓶中，取出后在酒精灯火焰上灼烧接种环灭菌3次；③在酒精灯火焰附近用右手的小指拔下菌种斜面的棉塞，并迅速转动灼烧试管斜面管口灭菌；④将已灭菌的接种环伸入试管斜面，迅速挑取少量菌体（此时接种环的温度可能仍然很高，可在斜面的无菌区域轻轻接触几下，使其冷却）；⑤迅速塞上棉塞，无菌取样过程完成。

3. 涂片　在载玻片中央滴加一小滴无菌水。以无菌操作方式从斜面上挑取少量菌苔在载玻片的无菌水中轻轻涂抹后，烧去接种环上多余菌体，再用接种环将其涂成直径约1 cm的均匀薄层。注意初次涂片，取菌量不应过大，以免造成菌体重叠。

4.干燥 涂片后,在室温下自然干燥或置于酒精灯火焰高处,微热烘干。

5.固定 将已干燥的涂片标本面朝上,在酒精灯火焰上通过2～3次,此操作过程称热固定,其目的是:①杀死细菌;②使菌体蛋白质凝固,以固定细胞形态,使菌体牢固黏附于载玻片上,以免染色时被染液或水冲掉;③增加菌体对染料的结合力,使涂片易着色。但注意不能在火焰上烤,否则细菌形态将毁坏,影响观察结果。

6.染色 在涂片上滴加1～2滴草酸铵结晶紫染液或番红染液,以染液刚好覆盖涂片菌体薄膜为宜。

7.水洗 斜置载片,倾去染液,用蒸馏水(洗瓶)轻轻冲洗玻片上的染液到染色盘中,直至从涂片上流下的水为无色止。注意水流不要直接冲在涂菌处,以免将菌体冲掉。

8.干燥 冲洗后,将染色片晾干或吹干(也可用吸水纸吸干)。待完全干燥后才可置油镜下观察。

9.镜检 将染色的玻片,置于显微镜载物台上,先用低倍镜找到目的物,然后换用油镜观察。

(二)菌落特征观察

观察大肠杆菌、金黄色葡萄球菌和枯草芽孢杆菌的菌落平板,并描述菌落的形状、大小、表面、透明度、隆起形态、颜色及边缘情况(图3-1)。

1.形状 圆形、不规则、阿米巴形、菌丝状、念珠状等。

2.大小 菌落直径,以毫米计。

3.表面 光滑、粗糙、皱褶、放射状、根状等。

4.透明度 透明、半透明、不透明。

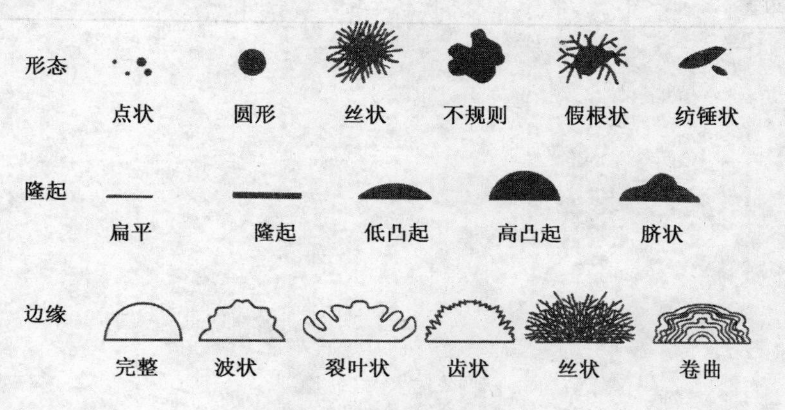

图3-1 菌落形态特征图

5. 颜色　金黄色、白色、柠檬色、红色、绿色、紫色、黑色等。
6. 高度　扁平、隆起、凸起、草帽状等。
7. 边缘　整齐、波状、丝状、锯齿状、裂叶状等。

五、作业与思考题

1. 绘出你所观察到的经简单染色后的细菌形态图。
2. 根据实验体会，你认为制备染色标本时，应注意哪些事项？
3. 为什么涂片要固定？
4. 为什么要待制片干燥后才能进行镜检观察？
5. 将观察到的细菌菌落形态特征填入表 3-1 中。

表 3-1　细菌菌落特征观察记录

菌名 菌落特征	大肠杆菌	枯草芽孢杆菌	金黄色葡萄球菌	
培养基				
形状				
大小				
表面				
透明度				
颜色				
高度				
边缘				

实验四　细菌的革兰氏染色

革兰氏染色是细菌学中一个重要的鉴别染色，1884 年由丹麦微生物学家 C. Gram 创建。与简单染色不同的是：在革兰氏染色过程中，采用了结晶紫和番红 2 种不同颜色的染色剂，结果是一部分细菌被染成蓝紫色，即革兰氏阳性菌(G^+)，另外一些细菌被染成红色，即革兰氏阴性菌(G^-)，造成染色结果不同的原因，主要是由于这两类细菌细胞壁的结构和成分不同。

一、实验目的

1. 了解革兰氏染色的原理及在细菌分类鉴定中的重要作用。
2. 学习并掌握革兰氏染色的方法。

二、实验原理

革兰氏阳性细菌细胞壁比革兰氏阴性菌细胞壁厚，革兰氏阳性细菌细胞壁厚度为 20～80 nm，而革兰氏阴性细菌细胞壁厚度只有 15～20 nm。革兰氏阳性细菌的细胞壁呈现为均匀的一层，主要成分是肽聚糖。革兰氏阴性细菌细胞壁分为 2 层——外壁层和内壁层，在外壁层和内壁层之间有一个明显的空间称为周质空间，内壁层的厚度只有 1～3 nm，由 1 至几层肽聚糖组成。外壁层的成分复杂，由脂多糖、磷脂和脂蛋白等组成，成分和结构上与膜类似，因此也称外膜层。

肽聚糖是由 *N*-乙酰葡萄糖胺(*N-acetylglucosamine*)与 *N*-乙酰胞壁酸(*N-acetylmuramic acid*)以及短肽聚合而成的网状大分子化合物。在革兰氏阳性菌细胞壁中，肽聚糖层数多，有 15～50 层，占细胞壁干重的比例高，有 50%～80%。在革兰氏阴性菌中，肽聚糖只存在于内壁层，层数少，只占细胞壁干重的 5%～10%。另外，革兰氏阴性菌细胞壁肽聚糖的交联方式与革兰氏阳性菌也不同，形成的网孔比革兰氏阳性菌的网孔大。

由于革兰氏阳性菌的细胞壁厚，肽聚糖的含量高，层次多，可达 50 多层，交联度高，网孔小，当用草酸铵结晶紫染色后，结晶紫被保留在细胞壁中，不易被酒精洗脱，因此保留了结晶紫的颜色。而革兰氏阴性菌的细胞壁薄，分为 2 层，内壁层只有1至几层肽聚糖，且交联度低，网孔大，外壁层又是由脂多糖、磷脂和脂蛋白等组成的膜，因此，用草酸铵结晶紫染色后，再用酒精脱色时，结晶紫不能被保留在细胞壁中，细胞随后被番红复染成红色。

三、实验材料与用品

菌种：大肠杆菌(*Escherichia coli*)、金黄色葡萄球菌(*Staphylococcus aureus*)。大肠杆菌在牛肉膏蛋白胨斜面37℃培养约24 h，金黄色葡萄球菌在牛肉膏蛋白胨斜面28℃培养约24 h。

染色液：草酸铵结晶紫染液、路戈氏(Lugol)碘液、95%酒精、番红染液。

器皿及材料：洁净载玻片、香柏油、二甲苯、擦镜纸、吸水纸、酒精灯、接种环、镊子、无菌水、洗瓶、染色盘、载玻片架、记号笔、75%消毒酒精瓶、废玻片缸、火柴等。

仪器与设备：光学显微镜。

四、实验内容与方法

1. 涂片、固定如简单染色。
2. 初染　在涂片处加1滴草酸铵结晶紫染液，染色1 min，水洗。
3. 媒染　用路戈氏碘液冲去残水，然后继续覆盖媒染1 min，水洗。
4. 脱色　将载玻片略倾斜，滴加95%酒精脱色，30～60 s，洗至流下的脱色酒精刚好无色为止，立即水洗。
5. 复染　用番红染色液染色1～2 min，水洗。
6. 干燥后镜检　先用低倍镜，然后换用高倍镜和油镜观察。

图4-1所示为革兰氏染色步骤。

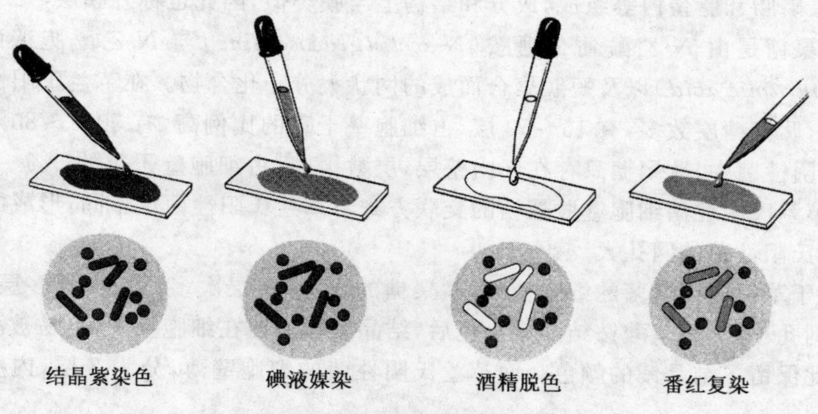

图4-1　革兰氏染色过程示意图

五、作业与思考题

1. 绘制显微镜下看到的细菌形态图,并说明革兰氏染色反应结果。
2. 你所使用的各种染色液的浓度是多少?其配制方法如何?
3. 革兰氏染色反应的机理是什么?解释染色过程中各步骤的作用。
4. 在革兰氏染色中,哪些因素会影响染色的正确性?

实验五　细菌的荚膜染色

在某些细菌细胞壁的外部，可以形成一层疏松透明的黏液物质，这层物质被统称为糖被(glycocalyx)。包裹在单个细胞壁上有固定层的糖被为荚膜(capsule)和微荚膜(microcapsule)，它牢固地依附在每个细胞的表面；呈松散状态、未固定的糖被称为黏液层(slime layer)；包裹几个细胞或一群细胞称作菌胶团 (zoogloca)。黏液层可脱离细胞而存在，可以看作是细胞的分泌物。具荚膜细菌，在宿主体内可保护其免遭宿主巨噬细胞的吞噬，故含厚层荚膜细菌往往具有致病性。

一、实验目的

1. 了解荚膜染色的原理。

2. 学习并掌握荚膜染色的基本方法。

二、基本原理

荚膜是包围在细菌细胞外的一层黏液或胶质状物质，其成分为多糖、糖蛋白或多肽。由于荚膜折光率低，与染料间的亲合力弱，不易着色，因此，荚膜通常采用负染色法，即设法使菌体和背景着色而荚膜不着色，从而使荚膜在菌体周围呈一透明圈。由于荚膜的含水量在90%以上，故染色时一般不加热固定，以免荚膜皱缩变形。

三、实验材料与用品

菌种：圆褐固氮菌(*Azotobacter chroococcum*)或胶质芽孢杆菌(*Bacillus mucilaginosus*，俗称“钾细菌”)，在阿须贝无氮培养基斜面上 28℃培养 2～3 d。

染色液：0.5%番红染液、用滤纸过滤后的绘图墨水、0.1%结晶紫染液、20% $CuSO_4$ 水溶液。

器皿及材料：6%葡萄糖液、甲醇、洁净载玻片、盖玻片、香柏油、二甲苯、擦镜纸、吸水纸、酒精灯、接种环、镊子、无菌水、洗瓶、染色盘、载玻片架、记号笔、75%消毒酒精瓶、废玻片缸、火柴等。

仪器与设备：光学显微镜。

四、实验内容与方法

荚膜染色的方法很多,下面介绍几种常用的方法。

(一)湿墨水法

1. 制片　滴加 1 滴墨水于洁净的载玻片上,挑少量菌体与其充分混合均匀。放一清洁盖玻片于混合液上,然后在盖玻片上放一张滤纸,向下轻压,吸去多余的墨水。

2. 镜检　先用低倍镜,然后换用高倍镜观察。

结果:背景黑色,菌体较暗,在其周围呈现一明亮的透明圈即为荚膜。

(二)干墨水法

1. 制片　滴加 1 滴 6%葡萄糖液(也可直接用无菌水)于洁净载玻片一端,挑取菌体与其混合,再滴加 1 滴墨水,充分混合均匀。另取一洁净载玻片,将该载玻片的一边与菌液接触,使菌液沿载玻片接触处散开,然后以 30°角,迅速而均匀地将菌液拉向玻片的一端,使菌液铺成一薄膜。

2. 干燥、固定　空气中自然干燥。用甲醇浸没涂片,固定 1 min,倾去甲醇,吹干。

3. 染色　番红染液染色 1~2 min。

4. 水洗、干燥　用蒸馏水轻洗,自然干燥。

5. 镜检　先用低倍镜,然后换用高倍镜和油镜观察。

结果:背景黑色,菌体红色,荚膜呈一清晰透明圈。

(三)Anthong 法

1. 涂片　按常规法涂片,可多挑取些菌体与水充分混合,并将黏稠的菌液尽量涂开,但涂布的面积不宜过大,一般涂片区域直径以 1 cm 为宜。

2. 干燥、固定　在空气中自然干燥,甲醇固定。

3. 染色　0.1%结晶紫染色 5~7 min。

4. 脱色　用 20% $CuSO_4$ 水溶液洗去结晶紫,脱色要适度(冲洗 2 遍)。用吸水纸吸干,并立即加 1~2 滴香柏油于涂片处,以防止 $CuSO_4$ 结晶的形成。

5. 镜检　先用低倍镜,然后换用高倍镜和油镜观察。

结果:背景蓝紫色,菌体紫色,荚膜无色或浅紫色。

五、作业与思考题

1. 绘制你在显微镜下所看到的菌体及荚膜的形态图。

2. 荚膜染色为什么要使用墨水?

3. 试解释荚膜染色后,为什么包裹在荚膜内的菌体着色而荚膜不被着色。

实验六　细菌的芽孢染色

芽孢是一种内生孢子，是某些细菌生长到一定阶段在菌体内形成的休眠体，通常呈圆形或椭圆形。细菌能否形成芽孢以及芽孢的形状、位置，芽孢囊是否膨大等特征都是鉴定细菌的依据。由于芽孢壁厚、透性差、不易着色。当用结晶紫等进行简单染色时，可以使菌体着色，但芽孢不能着色，呈现为无色透明。为了使芽孢便于观察，可用芽孢染色法。

一、实验目的

1. 学习并掌握芽孢染色的方法。
2. 观察芽孢的形态特征。

二、实验原理

芽孢染色法是利用细菌的芽孢和菌体对染料的亲合力不同，用不同的染料进行染色，从而使芽孢和菌体呈现不同的颜色而便于区别。芽孢含水量低，具有厚而致密的壁，对染料的透性差，着色和脱色均较困难。常规的染色法只能使菌体着色而芽孢不着色（芽孢呈无色透明状）。根据芽孢难以染色而一旦染上色后又难以脱色的特点设计芽孢染色法。采用着色力强的染料，并加热，以促进芽孢着色，进入菌体的染料经水洗可脱去，而进入芽孢内的染料则难以渗出，故仍保留原有的颜色，然后再用对比度强的染料对菌体复染，使菌体和芽孢呈现出不同的颜色，因而能更明显地衬托出芽孢，便于观察。

三、实验材料与用品

菌种：苏云金芽孢杆菌（*Bacillus thuringinensis*）、枯草芽孢杆菌（*Bacillus subtilis*）。苏云金芽孢杆菌在牛肉膏蛋白胨斜面 28℃培养约 36 h，枯草芽孢杆菌在牛肉膏蛋白胨斜面 28℃培养 24～48 h。

染色液：5％孔雀绿染液、0.5％番红染液。

器皿及材料：洁净载玻片、香柏油、二甲苯、擦镜纸、吸水纸、酒精灯、接种环、镊子、无菌水、洗瓶、染色盘、载玻片架、玻片夹、记号笔、75％消毒酒精瓶、小试管（10 mm×75 mm）、烧杯或搪瓷杯、废玻片缸、火柴等。

仪器与设备：光学显微镜、水浴锅或电炉、电磁炉。

四、实验内容与方法

方法一

1.涂片、固定如简单染色。

2.染色　在涂片处滴加 3～5 滴孔雀绿染液，用玻片夹夹住载玻片一端，在酒精灯上文火加热至染液冒出蒸汽时开始计算时间，染色 5～10 min。在加热染色过程中，根据蒸发情况随时添加染液，注意勿使染液沸腾或干涸。

为防止在染色过程中染液的流动，可剪取一块长约 2 cm、宽 1 cm 的滤纸片盖在涂片处，然后再滴加孔雀绿染液，使滤纸片充分浸润，酒精灯上文火加热至染液冒出蒸汽时开始计算时间，染色 5～10 min。

3.脱色　脱去营养菌体的颜色，待玻片冷却后，用水轻轻地冲洗，直至流出的水中无孔雀绿的颜色为止。

4.复染　用 5％番红染液染色 1～2 min，水洗、晾干或用吸水纸吸干。

5.镜检　先用低倍镜，然后换用高倍镜和油镜观察。

结果：芽孢呈绿色，菌体呈红色，注意芽孢的大小、形状及位置。

方法二

1.制备菌液　取一小试管，加 1～2 滴无菌水，再用接种环从斜面上挑取 2～3 环菌苔于试管中并混匀，制成浓稠的菌悬液。

2.加染料　加约与菌液等体积的孔雀绿染液于小试管中，充分振荡混合。

3.加热　置试管于沸水浴中加热 15～20 min。

4.涂片　用接种环取 2～3 环染色菌液于洁净的载玻片上，制成涂片，晾干。

5.固定　将涂片通过酒精灯火焰 2～3 次。

6.脱色　用水洗直至流出的水中无孔雀绿颜色为止。

7.复染　滴加番红染液，染色 3～5 min 后，水洗、晾干或用吸水纸吸干。

8.镜检　先用低倍镜，然后换用高倍镜和油镜观察。

结果：芽孢呈绿色，菌体呈红色，注意芽孢的大小、形状及位置。

五、作业与思考题

1. 绘制你在显微镜下看到的芽孢和菌体的形态图。

2. 说明芽孢染色法的原理，用简单染色法能否观察到细菌的芽孢？

3. 芽孢染色为什么使用孔雀绿染液？

4. 为什么在孔雀绿染液加热染色中，要待玻片冷却后才能用水冲洗？

实验七　细菌的运动观察和鞭毛染色

鞭毛是细菌的运动“器官”，一般细菌的鞭毛都非常纤细，其直径为 0.01～0.02 μm，在普通光学显微镜的分辨力限度以外，普通的染色方法不能观察到细菌的鞭毛，需采用特殊的鞭毛染色法才能看到。我们也可以通过对细菌运动现象的观察，推断细菌是否存在鞭毛。

一、实验目的

1. 学习并掌握细菌鞭毛染色的原理和方法，观察细菌鞭毛的着生方式。

2. 学习用悬滴法观察细菌的运动。

二、基本原理

鞭毛染色是借媒染剂和染色剂的沉淀作用，使染料沉积在鞭毛上，以加粗鞭毛的直径，达到光学显微镜的分辨力限度以内。细菌鞭毛染色的方法很多，这里我们介绍镀银（银盐）染色法和改良 Leifson 染色法。

三、实验材料和用品

菌种：大肠杆菌（*Escherichia coli*）、普通变形杆菌（*Proteus vuigaris*）、苏云金芽孢杆菌（*Bacillus thuringiensis*）、假单胞菌（*Pseudomonas* sp.），采用新制备的牛肉膏蛋白胨斜面培养，大肠杆菌 37℃ 培养，普通变形杆菌、苏云金芽孢杆菌、假单胞菌 28℃培养，时间不超过 24 h。

染色液：镀银鞭毛染液、Leifson 鞭毛染液、0.01％美蓝染液。

器皿及材料：载玻片（经特殊处理）、凹玻片、盖玻片、5 mL 无菌吸管、9 mL 无菌生理盐水（或无菌水）、无菌长滴管、凡士林、无菌水、香柏油、二甲苯、擦镜纸、吸水纸、酒精灯、接种环、镊子、无菌水、洗瓶、染色盘、载玻片架、记号笔、75％消毒酒精瓶、废玻片缸、火柴等。

仪器与设备：光学显微镜、恒温培养箱。

四、实验内容与方法

(一)镀银染色法

1.制备菌种培养　宜用新培养的菌种,如所用菌种已长期未移种,则需用新制备的斜面连续移种(活化)3～5 次后再使用,以增强细菌的运动力,最后一代菌种放恒温箱中培养 12～18 h。

2.载玻片的准备　选择光滑无裂痕的玻片,最好选用新的。将载玻片置洗衣粉过滤液中(洗衣粉煮沸后用滤纸过滤,以除去粗颗粒),煮沸 20 min,在煮沸过程中不要使载玻片相互摩擦留下伤痕。取出稍冷后用清水冲洗,再放入浓洗液中浸泡 24 h 左右。使用前取出玻片,先用清水冲去残酸,再用蒸馏水冲洗。将水沥干后,放入 95%乙醇中脱水。使用时取出玻片,用火焰烧去酒精,立即使用。如不立刻使用,可存放于干净的盒中或 50%乙醇中短期存放。

3.染色液配制　鞭毛染色液的配制要求较高,详见附录Ⅱ-7。

4.菌液的制备及制片　取供试菌株斜面,用 5 mL 无菌吸管吸取约 3 mL 生理盐水(或无菌水),将斜面菌苔朝下,沿试管壁缓慢加入,使水自试管底部缓慢上升,淹没斜面菌苔。轻轻翻转试管,使菌苔面朝上,置 28℃或 37℃恒温箱中约 30 min,使菌游入水中。也可用接种环挑取斜面与冷凝水交接处的菌液数环,移至盛有 1～2 mL 无菌水的试管中,使菌液呈轻度浑浊,注意在取菌过程中动作要轻,使菌苔轻轻滑入水中,切不可用力搅动。将该试管放在 28℃或 37℃恒温箱中静置 10 min(放置时间不宜太长,否则鞭毛会脱落),让幼龄菌的鞭毛舒展开。

用无菌长滴管,取上述菌液,滴于载玻片的一端,轻轻抬起该端,使载玻片倾斜,菌液缓慢地流向另一端,用吸水纸吸去多余的菌液。涂片放空气中自然干燥。

用于鞭毛染色的菌体也可用半固体培养基培养。方法是将 0.3%～0.4%的琼脂培养基融化后倒入无菌平皿中,待凝固后在平板中央点接活化了 3～4 代的细菌,恒温培养 12～16 h 后,取扩散菌落的边缘制作制片。方式是:在载玻片的一端滴 1 滴无菌水,用接种环挑取少许菌苔,最好从菌落的边缘取菌苔,注意不要挑上培养基,在载玻片的水滴中轻蘸几下。将载玻片稍倾斜,使菌液随水滴缓慢流到另一端,然后平放在空气中干燥。

5.染色　涂片干燥后滴加 A 液染 3～5 min,用蒸馏水冲洗(注意:一定要充分洗净 A 液后再加 B 液,否则背景很脏)。洗净 A 液后滴加 B 液,将玻片在酒精灯上稍加热,使其微冒蒸汽且不干,一般染 30～60 s。然后用蒸馏水冲洗,自然干燥。

6.镜检　先低倍观察,再高倍观察,最后用油镜观察。菌体为深褐色,鞭毛为褐色,呈波浪形。镜检时,如未见鞭毛,应在整个涂片上多找几个视野,有时只在部分涂片区域上染出鞭毛。

(二)改良 Leifson 染色法

1. 菌液制备、载玻片清洗同镀银染色法。

2. 染色液配制,详见附录Ⅱ-8。

3. 制片　用记号笔在洁净玻片的背面将玻片上划分为 3~4 个相等的区域;取 1 滴菌液于第一个小区的一端,将玻片倾斜,让菌液流向另一端(流过 4 个区域),用滤纸吸去多余的菌液;在空气中自然干燥。

4. 染色　加染色液于第 1 区,使染料覆盖涂片,隔数分钟后再将染料加入第 2 区,依此类推(相隔时间可自行决定),其目的是确定最合适的染色时间;在染色过程中仔细观察,当整个玻片都出现铁锈色沉淀,染色液表面出现金色膜时(大约 10 min)用水冲洗。冲洗时不要先倾去染色液料,而是直接冲洗,否则背景不清;自然干燥。

5. 镜检　先低倍镜观察,再高倍镜观察,最后用油镜观察。观察时要多找一些视野,菌体和鞭毛均染成红色。

细菌鞭毛极细,很易脱落,在整个操作过程中,必须仔细小心,以防鞭毛脱落。染色成功的关键主要决定于:①菌种活化的情况;②菌龄要合适,一般在幼龄时鞭毛生长最好,易于染色;③新鲜的染色液;④载玻片要求干净无油污。

镀银法染色比较容易掌握,但染色液必须每次现配现用,不能存放。Leifson 染色法受菌种、菌龄和室温等因素的影响较大,且染色液须经 15~20 次过滤,要掌握好染色条件必须经过一些摸索。

(三)细菌运动的观察

观察细菌运动可有多种方法,如压水片法、悬滴法等,这里我们介绍悬滴法。

1. 菌悬液制备同上。

2. 在清洁的盖玻片上,滴加 1 滴菌悬液,迅速翻转此盖玻片,使菌液悬滴朝下,放在一凹载玻片的凹窝之上,凹窝边上涂少许凡士林以固定盖玻片。

3. 先在低倍镜下找到菌液,然后换用高倍镜或油镜观察。注意,观察细菌运动宜在较暗的光线下。

五、作业与思考题

1. 你在显微镜下是否看到了细菌鞭毛?绘制你所看到的细菌鞭毛和菌体的形态图,注意鞭毛的着生方式。

2. 在鞭毛染色过程中,哪些因素会影响染色的结果?如何避免?

3. 详细记录你所观察到的细菌的运动情况,并说明细菌的运动如何区别于布朗运动。

实验八　放线菌的形态及菌落特征观察

放线菌是一类主要呈菌丝状生长和孢子繁殖、陆生性较强的革兰氏阳性细菌，广泛分布于含水量低、有机质丰富的微碱性土壤中。由于放线菌常产生一些特殊的次级代谢产物，使得土壤带有泥腥味。

放线菌的菌丝体分为2部分，即生长在培养基中的营养菌丝（也称基内菌丝）和生长在培养基表面的气生菌丝。一些气生菌丝生长至一定时期，分化形成各种孢子丝。孢子丝形态多样，有波曲、螺旋、分支、轮生等。在孢子丝的顶端，细胞质分割凝聚形成孢子，孢子常呈球形、椭圆、杆状等。气生菌丝、孢子丝的形态特征、孢子的形状、颜色等常常是放线菌分类、鉴定的重要依据。

放线菌的菌落大致可区分为2类：一类以链霉菌为代表，早期菌落类似细菌，随着气生菌丝和孢子丝的形成，使菌落表面十分干燥、不透明，呈致密丝绒状，并常有辐射皱褶，菌落与培养基结合紧密，不易挑起。后期由于分生孢子的形成，菌落表面变成干粉状或颗粒状，因孢子常含有颜色鲜艳的色素，而使得菌落表面呈现出各种颜色。另一类是以诺卡氏菌为代表，因为只有基内菌丝，结构松散，黏着力差，一般较易于挑起，往往也有特征性的颜色。

一、实验目的

1. 学习并掌握观察放线菌形态的基本方法。
2. 观察放线菌的个体形态特征，尤其是孢子丝的形态特征。
3. 观察和掌握放线菌菌落的形态特征。

二、实验原理

观察放线菌时，为避免破坏菌丝体的自然形态，制片时不易采用涂片法。为观察自然生长的放线菌个体形态，通常可采用插片法、玻璃纸培养法等。在插片法中，是将灭菌盖玻片插入接种有放线菌的平板，使放线菌菌丝沿盖玻片和培养基交接处生长而附着在盖玻片上，经一定时间培养后，取出盖玻片直接在显微镜下观察。在玻璃纸培养法中，采用的玻璃纸是一种透明的半透膜，其透光性与载玻片基本相同，将放线菌菌种接种在覆盖在固体培养基表面的玻璃纸上，水分及小分子营养物质可透过玻璃纸被菌体吸引利用，因此可以在玻璃纸上形成菌落或菌苔。观察时只要将长有菌的玻璃纸剪取一小片，贴放在载玻片上，即可镜检观察。采用插片法、玻璃纸培养法观察放线菌，有利于对不同生长时间的放线菌形态进行观察，以便于我们了解整个放线菌的生长过程。

为了方便观察，在放线菌的观察中，也可对菌丝体进行简单染色，方法与细菌的简单染色基本一样，采用石炭酸复红或结晶紫染液对其进行染色后再进行观察。

三、实验材料与用品

菌种：细黄链霉菌（*Streptomyces micuoflavus*）、天蓝色链霉菌（*Streptomyces coelicolor*）、棘孢小单孢菌（*Micromonospora echinospora*），28℃在高氏合成一号培养基斜面培养 7～10 d。

染色液：石炭酸复红染液。

培养基：高氏合成一号培养基。

器皿及材料：无菌培养皿、无菌盖玻片、洁净载玻片、镊子、接种环、无菌玻璃纸（放置在培养皿中）、玻璃刮铲、解剖刀、吸水纸、无菌水、洗瓶、染色盘、载玻片架、75％消毒酒精瓶、酒精灯、记号笔、废玻片缸、火柴等。

仪器与设备：光学显微镜、恒温培养箱。

四、实验内容与方法

（一）插片法观察放线菌个体形态

1. 制平板　将冷却至约 50℃的高氏合成一号琼脂培养基以无菌操作方式倒入无菌培养皿中，每皿约 20 mL，制备平板，凝固后待用。

2. 接种　可用 2 种方法接菌。①先接种后插片：用接种环挑取斜面上放线菌孢子，密集划线接种，也可将放线菌孢子制备悬液，涂布接种（接种量可适当加大）；②先插片后接种：先插片，然后用划线法接种。接种位置在盖玻片一侧的基部，约占盖玻片长度的一半，以免菌丝蔓延至盖玻片的另一侧。

3. 插片　用无菌镊子（火焰灼烧灭菌）取无菌盖玻片，在已接种平板上以 45°角将盖玻片斜插入培养基内，插入深度为盖玻片的 1/3～1/2。

4. 培养　将插片平板倒置，28℃培养 3～7 d。

5. 镜检　用镊子小心取出插片，将长有菌的一面向上放在洁净载玻片上（也可轻轻擦去插片背面的培养物，以利观察），先用低倍镜观察，然后转换用高倍镜观察。因为是未染色直接观察，在观察时，宜用略暗的光线。

插片也可以染色后观察，用镊子取出插片后，自然风干后在火焰上通过1～2次固定，用石炭酸复红染液染色1 min，轻轻冲洗掉染液，自然风干后放在洁净的载玻片上观察（注意固定时要避免加热过度，导致菌丝体变形。冲洗染液应小心，避免冲掉菌丝体）。

（二）玻璃纸法观察放线菌个体形态

1.制平板　方法同插片法。

2.铺玻璃纸　用无菌镊子将预先灭菌的玻璃纸平铺于平板培养基表面，铺玻璃纸时，可用无菌玻璃刮铲将玻璃纸与培养基之间的气泡除去，使玻璃纸紧贴培养基表面，一个平板可铺盖玻片大小的玻璃纸5～10块。

3.接种　可用接种环取放线菌孢子在玻璃纸上轻轻划线接种，也可制备放线菌孢子悬液，取1滴孢子悬液滴于玻璃纸上，自然散开接种。

4.培养　将培养皿倒置，28℃培养3～7 d。

5.镜检　取一载玻片，滴上1滴蒸馏水，用镊子小心取下一片含菌玻璃纸，菌面向上放置于载玻片的水滴上，使玻璃纸紧贴载玻片，中间不能有气泡，以免影响观察。先用低倍镜观察菌的立体生长状况，再用高倍镜仔细观察。注意菌的基内菌丝、气生菌丝和孢子丝。

附：无菌玻璃纸的准备：

将玻璃纸剪成盖玻片大小，然后把滤纸和玻璃纸交互重叠地放在培养皿中，借滤纸将玻璃纸隔开，进行湿热灭菌后备用。

（三）印片法观察放线菌气生菌丝和孢子丝

1.接种培养　划线法或点种法接种放线菌于高氏合成一号培养基表面，将培养皿倒置，28℃培养3～7 d。

2.用解剖刀将平板上的菌苔连同培养基一起切下一小块，菌苔面朝上放置于一载玻片上。另取一块清洁的载玻片，火焰上轻轻加热，然后用这微热载玻片盖在菌苔上，轻压一下，使放线菌的气生菌丝和孢子丝“印”在载玻片上。将载玻片垂直取下，不要水平移动而破坏放线菌的自然形态。反转有印痕的载玻片微微加热固定，用石炭酸复红染液染色1 min，水洗，风干。用油镜观察。

（四）放线菌菌落特征的观察

划线法或稀释平板法将放线菌接种于高氏合成一号培养基表面，28℃培养3～7 d后观察其菌落的形状、大小、颜色、表面特征、色素产生情况等。

五、作业与思考题

1.绘制你所观察到的放线菌的主要形态特征。

2. 观察放线菌的菌落特征，并将观察结果记录在表 8-1 中。

表 8-1 放线菌菌落特征记录

菌落特征 \ 菌名	细黄链霉菌	天蓝色链霉菌	棘孢小单孢菌	
培养基				
形状				
大小				
颜色				
气味				
表面特征				
气生菌丝				
基内菌丝				
孢子				
可溶性色素				
脂溶性色素				

3. 在高倍镜或油镜下如何区分放线菌的基内菌丝和气生菌丝？

4. 总结如何根据菌落特征区分细菌与放线菌。

实验九 酵母菌的形态及菌落特征观察

酵母菌是单细胞真菌，不形成菌丝。它们的细胞通常为球形、卵形、圆柱形或柠檬形，比细菌个体大。酵母菌的细胞核与细胞质已有明显的分化，原生质中常含有肝糖、脂肪粒等内含物，成年细胞中央有很大的液泡。酵母菌的繁殖方式复杂，无性繁殖主要是出芽生殖，在一定条件下，数次出芽后子细胞不脱落母细胞，可形成几个或几十个酵母细胞连在一起并伸长的细胞形态称为假菌丝。也有些酵母菌以分裂方式繁殖，如裂殖酵母属。酵母菌有性繁殖多数产生子囊孢子，如酿酒酵母属，属于真菌子囊菌门，也有些酵母菌产生担孢子，如红冬孢酵母属，属于真菌担子菌门。还有一些酵母到目前为止还没有发现有性世代而被列入半知菌门。

大多数酵母菌的菌落形态与细菌菌落相似，表面湿润、隆起、边缘整齐。与细菌菌落相比，酵母菌菌落较细菌菌落大且厚，多数呈乳白色，常伴有酒香味，有些菌种的菌落会因培养时间长而皱缩。

一、实验目的

1. 观察酵母菌细胞形态及出芽生殖方式，观察假菌丝形态。
2. 学习并掌握区分酵母菌死活细胞的染色方法。
3. 观察酵母菌的子囊和子囊孢子形态。
4. 掌握酵母菌的菌落特征。

二、实验原理

观察酵母菌细胞形态和出芽生殖方式可采用美蓝染色液制成水浸片（也称水压片）。美蓝是一种无毒性染料，它的氧化型是蓝色的，还原型是无色的。用它对酵母细胞进行染色，在活细胞中，由于细胞中新陈代谢的作用，使细胞内具有较强的还原能力，能使美蓝从蓝色的氧化型变为无色的还原型，所以酵母的活细胞无色。而对于死细胞或代谢缓慢的老细胞，则因它们无此还原能力或还原能力极弱，被美蓝染成蓝色或淡蓝色。因此，用美蓝水浸片不仅可观察酵母的形态，还可以区分死、活细胞。但美蓝的浓度、作用时间等对此均有影响，应加以注意。

酵母细胞的体积较大，通过不同的染色法，在高倍镜下可区分其内部的一些结构，如用中性红染色液可将液泡染成红色，脂肪滴可用苏丹黑染色，肝糖粒可用碘液染色。

假丝酵母具有典型的假菌丝，在平板菌苔上覆盖盖玻片降低酵母生长环境中的氧浓度，可促进酵母状细胞形成假菌丝。

三、实验材料与用品

菌种：酿酒酵母（*Saccharomyces cerevisiae*）、热带假丝酵母（*Candida tropicalis*）、28℃在马铃薯琼脂斜面培养 2 d。

标本片：酿酒酵母子囊孢子标本片。

染色液：0.1%美蓝染液，0.1%中性红染液，0.5%苏丹黑染液，0.5%番红染液、路戈氏碘液、二甲苯。

培养基：马铃薯（PDA）琼脂培养基。

器皿及材料：载玻片、无菌盖玻片、盖玻片、无菌培养皿、U 形玻璃棒、7 cm 的圆形滤纸、接种环、解剖刀、无菌水、酒精灯、镊子、洗瓶、擦镜纸、吸水纸等。

仪器：光学显微镜。

四、实验内容与方法

(一)观察啤酒酵母的菌体形态和芽殖

1. 在清洁载玻片上滴上 1 滴 0.1%美蓝染液。

2. 用接种环挑取少许酿酒酵母与美蓝染液均匀混合，用镊子取一盖玻片，以45°角与菌液接触，轻轻盖在菌液上，避免产生气泡，吸水纸吸去多余染色液。

3. 先用低倍镜找到视野，然后转换高倍镜观察酵母形态特征，观察芽殖情况和死、活细胞的颜色。

(二)酵母细胞内结构观察

1. 观察液泡　在洁净载玻片上滴 1 滴中性红染液，用接种环挑取少许酿酒酵母与中性红染液均匀混合，加盖盖玻片制成水浸片，染色 4～5 min 后用高倍镜观察液泡。

2. 观察脂肪滴　先将酵母涂片，自然干燥固定。用苏丹黑染液染色 10 min，倾去染液并用吸水纸吸干。用二甲苯冲洗至洗脱液无色，水洗，用番红复染 1～2 min，水洗吸干后在高倍镜下观察。

3. 肝糖粒观察　在洁净载玻片上滴1滴路戈氏碘液，用接种环挑取少许酿酒酵母与碘液均匀混合，加盖盖玻片制成水浸片，染色1 min用高倍镜观察。

(三)假菌丝观察

方法一

1. 取直径约7 cm的圆形滤纸一张，铺于直径9 cm的培养皿底部，放置一个U形玻璃棒于滤纸上，在U形玻璃棒再放置一洁净的载玻片和盖玻片，盖上培养皿盖后灭菌。

2. 取马铃薯琼脂培养基加热熔化，按无菌操作，在酒精灯火焰旁注入另一无菌培养皿中，使凝成薄层。用无菌解剖刀把琼脂切成1 cm^2 小块，然后将此琼脂块移至载玻片中央。

3. 按无菌操作，用接种环将热带假丝酵母接种在琼脂块中央，将培养皿中已灭菌的盖玻片覆盖于琼脂块上。往培养皿的滤纸上滴加2～3 mL无菌水。

4. 将培养皿放入26～28℃温箱培养2～3 d。

5. 取出载玻片先置低倍镜下观察，然后转换高倍镜下观察。

方法二

1. 取一马铃薯琼脂培养基平板，按无菌操作，用接种环将热带假丝酵母在培养基表面划线接种2条线，2条线之间的距离约0.5 cm。然后取一无菌盖玻片覆盖于接种线上。

2. 将培养皿放入26～28℃温箱培养2～3 d。

3. 打开培养皿盖，先置低倍镜下直接观察，然后转换高倍镜下观察。

(四)观察酿酒酵母的子囊和子囊孢子

先用低倍镜寻找含有子囊孢子的子囊，然后转换高倍镜观察。注意观察子囊孢子形态和数量。

(五)制备啤酒酵母和假丝酵母的单菌落

1. 制备马铃薯琼脂培养基平板。

2. 划线或稀释平板法接种酿酒酵母和热带假丝酵母，28℃培养2～3 d，待长成单菌落后，观察菌落形态特征。

五、作业与思考题

1. 绘制酿酒酵母和热带假丝酵母的形态图。

2. 观察酵母菌的菌落特征，并将观察结果记录在表9-1中。

表 9-1 酵母菌菌落特征记录

菌名 菌落特征	酿酒酵母	热带假丝酵母	
培养基			
形态			
大小			
边缘			
颜色			
光泽			
隆起			
气味			

3. 酵母菌的假菌丝是怎样形成的？与霉菌的真菌丝有何区别？
4. 如何区分酵母菌营养细胞和释放出的子囊孢子？
5. 如何根据菌落特征区分细菌与酵母菌？

实验十　微生物细胞的显微镜下直接计数

计量微生物细胞数量的方法很多，如稀释平板法、光密度法等。显微镜下直接计数微生物细胞是将小量待测样品的悬浮液置于一种特制的载玻片——计菌器上，于显微镜下直接计数的一种简便、快速、直观的方法。根据计数的微生物对象不同，目前国内外常用的计菌器有：血细胞计数器、Peteroff-Hauser 计菌器以及 Hawksley 计菌器等。血细胞计数器适用于酵母菌，真菌孢子等较大微生物细胞的计数。Peteroff-Hauser 计菌器和 Hawksley 计菌器适用于细菌等较小细胞的计数。此法的缺点是所测得的结果是死菌体和活菌体的总和，有一些方法可以克服这一缺点，如用美蓝染色酵母菌。除用计菌器计数外，还有在显微镜下直接观察涂片面积与视野面积之比的估算法，该法一般用于牛乳的细菌学检查。

一、实验目的

1. 了解血细胞计数器计数的原理。

2. 掌握血细胞计数器进行单细胞酵母菌计数的方法。

二、实验原理

血细胞计数器是一块厚 0.5 cm 的特制载玻片（图 10-1），中间部分是一个 H 形的沟槽，将中部划分出 2 个计数平台，在平台的两侧各有一道凸起的脊，脊面比计数平台高出 0.1 mm。将盖玻片盖在脊上后，在平台与盖玻片之间形成一条 0.1 mm 的缝隙。计数平台上有一个边长 3 mm 正方形区域，该区域被均分为 9 个大方格，每个大方格的边长是 1 mm。正中央大方格又被均分成 25 个中方格，每个中方格又被均分成 16 个小方格。也有些血细胞计数器是将一个大方格均分为 16 个中方格，而每个中方格又均分为 25 个小方格。但无论是哪一种规格的计数板，每一个大方格中的小方格都是 400 个。大方格的面积是 1 mm^2，那么小方格的面积是 1/400 mm^2。由于平台与盖玻片之间的缝隙是 0.1 mm，所以，每一个小方格所占有的体积是 $1/400\ mm^2 \times 0.1\ mm = 1/4\ 000\ mm^3$，即 $1/4\ 000 \times 10^{-3}$ mL。

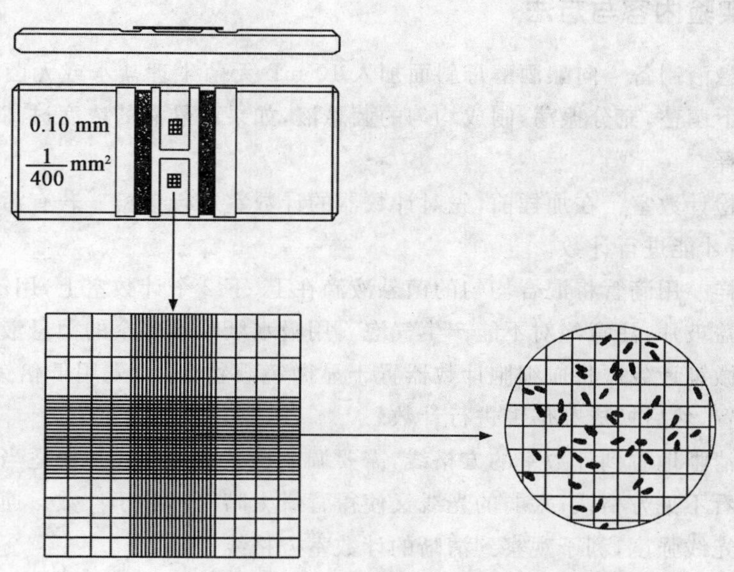

图 10-1 血细胞计数器结构示意图

计数时，通过数一定数量小方格的总菌数，然后求得每个小方格的平均值，即可换算成每毫升菌液中的总菌数，计算公式如下：

1 mL 样品含有的菌数(个)＝小方格中的平均菌数×4 000×1 000×稀释倍数

Peteroff-Hauser 和 Hawksley 计菌器与血细胞计数器的区别在于：计数平台与盖玻片之间的距离只有 0.02 mm，因此可用油镜对细菌等较小的微生物细胞进行观察和计数。

三、实验材料与用品

菌种：酿酒酵母(*Saccharomyces cerevisiae*)，28℃在马铃薯琼脂斜面培养 2 d。

器皿及材料：血细胞计数器、专用盖玻片、无菌滴管、9 mL 无菌生理盐水(或无菌水)、10 mL 无菌生理盐水(或无菌水)、1 mL 无菌吸管、酒精灯、接种环、吸水纸、洗瓶、镊子等。

仪器与设备：光学显微镜。

四、实验内容与方法

1. 菌悬液制备　向酿酒酵母斜面加入 10 mL 无菌生理盐水或无菌水，用接种环轻轻刮下菌苔，充分振荡，制成均匀的菌悬液，如果菌悬液的浓度过高，可以进行适当的稀释。

2. 镜检计数室　在加样前，先对计数器的计数室进行镜检。若有污物，则需清洗，吹干后才能进行计数。

3. 加样　用滴管将混合均匀的菌悬液滴在上、下 2 个计数室上，用镊子轻轻盖上专用的盖玻片，注意绝对不能产生气泡。用吸水纸吸取多余的菌悬液。

4. 显微镜计数　将血细胞计数器置于显微镜载物台上，先用低倍镜找到计数室所在位置，然后换成高倍镜进行计数。

为了清晰地看到计数室的方格线，需要调节显微镜的光线强弱适当，太强的光线易造成看不见方格线；太弱的光线又使得背景太暗而不利于计数。通常情况下，适当降低光线强度，利于观察到清晰的计数室方格线。

计数一般选 5～10 个中方格（即 80～160 个小方格），对于如何选择中方格没有统一的规定，可以随机选择，也可以按一定的规律。如选 5 个中方格，可选正中央大方格 4 个角上的 4 个中方格和中央的 1 个中方格计数。如选 9 个中方格，可在正中央大方格中沿对角线取 9 个中方格。位于格线上的菌细胞计数一般可按这样的原则，计上线的不计下线的，计右边线的不计左边线的，反之也可以。如遇酵母出芽，芽体大小达到母细胞的一半时，即作为两个菌体计数。计数一个样品要从两个计数室中计得的平均数值来计算样品的含菌量。

5. 清洗血细胞计数器　使用完毕后，将血细胞计数器用蒸馏水冲洗干净，切勿用硬物洗刷，冲洗完后自行晾干或吹干。镜检，观察每小格内是否有残留菌体或其他沉淀物。若不干净，则必须重复洗涤至干净为止。

6. 注意事项　①取样时先要摇匀菌液，加样时计数室不可有气泡产生；②加样后菌体静止时方可计数，否则影响实验结果。

五、作业与思考题

1. 将计得的菌细胞数填入表 10-1 中，并计算菌悬液的浓度。

表 10-1 酿酒酵母血细胞计数器计数结果

中方格	1	2	3	4	5	6	6	8	9	平均数
菌细胞数										
菌悬液浓度										

2. 根据你的体会，说明用血细胞计数器计数的误差主要来自哪些方面？如何尽量减少误差？

3. 有一干酵母粉样品，需要知道其活菌数，请设计 2 种可行的检测方法。

实验十一　微生物细胞大小的测定

微生物细胞的大小是微生物重要的形态特征之一，由于菌体很小，只能在显微镜下进行测量。用于测量微生物细胞大小的工具有目镜测微尺和镜台测微尺。

一、实验目的

1. 了解目镜测微尺和镜台测微尺的结构和使用原理。
2. 学习并掌握用目镜测微尺测定微生物细胞大小的方法。

二、实验原理

测定微生物细胞大小是在显微镜下利用测微尺进行。测微尺分为目镜测微尺和镜台测微尺。

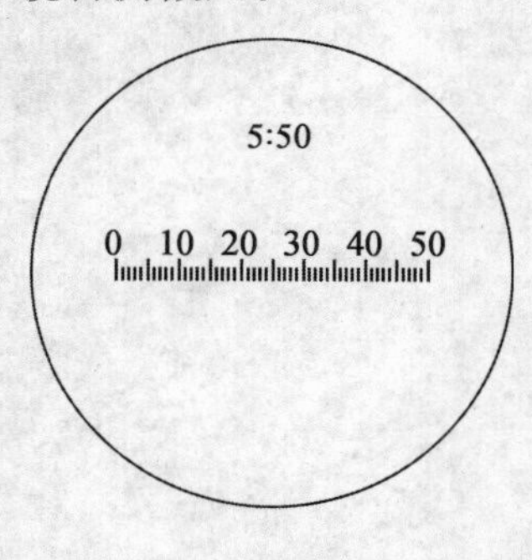

图 11-1　目镜测微尺

目镜测微尺是特制的圆形玻片，在玻片中央把 5 mm 长度刻成 50 等份或把 10 mm 长度刻成 100 等份（图 11-1）。测量时，将其放在目镜中的隔板上来测量经显微镜放大后的细胞物像，由于在显微镜不同的目镜和物镜系统下，放大倍数不同，目镜测微尺每格所示长度随显微镜放大倍数而变化，所以，在使用前，须用镜台测微尺来标定，求出在显微镜某一目镜和物镜系统下，目镜测微尺每格所表示的长度。

镜台测微尺（图 11-2）形如载玻片，在中央的圆形盖片下，刻有一条长为 1.0 mm 的刻度，精确等分为 100 格，每格长度是 10 μm（即 0.01 mm）。因每格长度固定不变，所以用镜台测微尺的已知长度在一定放大倍数下标定目镜测微尺，即可求出目镜测微尺每格所代表的长度。

三、实验材料与用品

菌种：酿酒酵母（*Saccharomyces cerevisiae*）、枯草芽孢杆菌（*Bacillus subtilis*），酿

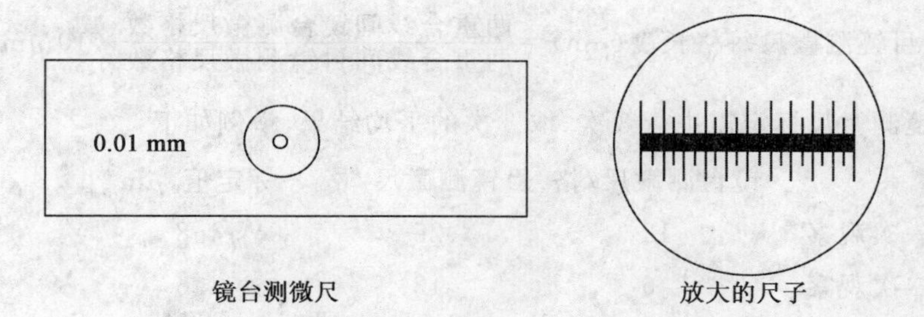

图 11-2　镜台测微尺

酒酵母在马铃薯琼脂斜面 28℃培养约 24 h，枯草芽孢杆菌在牛肉膏蛋白胨琼脂斜面 28℃培养约 24 h。

染色液：美蓝染液、0.5％番红染液。

器皿及材料：目镜测微尺、镜台测微尺、9 mL 无菌水、10 mL 无菌水、1 mL 无菌吸管、盖玻片、洁净载玻片、滴管、香柏油、二甲苯、擦镜纸、吸水纸、酒精灯、接种环、无菌水、洗瓶、染色盘、记号笔、废玻片缸、火柴等。

仪器与设备：光学显微镜。

四、实验内容与方法

(一)目镜测微尺的标定

1. 从显微镜筒上取下目镜，轻轻旋开目镜，将目镜测微尺的刻度面朝下轻轻地装入目镜的隔板上，然后将旋开的目镜还原。把镜台测微尺置于载物台上，刻度面朝上。

2. 先用低倍镜观察，调节工作距离，从视野中看清镜台测微尺的刻度后，移动推动器并转动目镜，使目镜测微尺的刻度和镜台测微尺的刻度平行。

3. 用推动器定位，使两尺重叠，再使两尺一端的“0”刻度完全重合，定位后，再仔细寻找两尺另一端的重合刻度(图 11-3)。

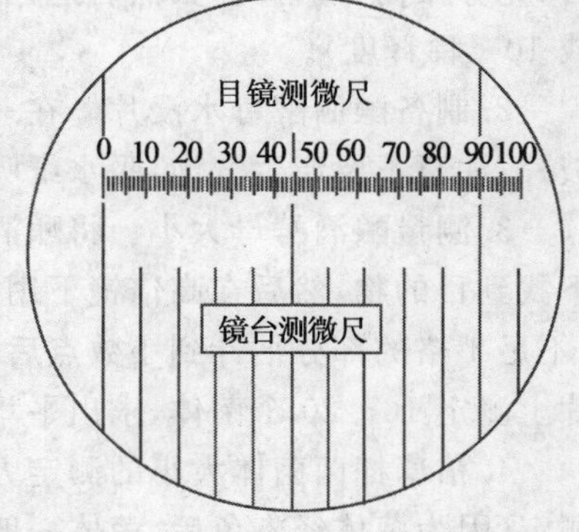

图 11-3　标定时镜台测微尺与目镜测微尺的重叠情况

4. 计数两重合刻度之间目镜测微尺的格数和镜台测微尺的格数。已知镜台测微尺每格长度是 10 μm，故目镜测微尺每格之长度即可求得：

$$目镜测微尺每格长度(\mu m)=\frac{两重合线间镜台测微尺格数}{两重合线间目镜测微尺格数}\times 10\ \mu m$$

目镜测微尺标定需进行3次，取3次的平均结果，举例如下：

	镜台测微尺/格	目镜测微尺/格	标定值/μm
第一次观察	12	25	4.8
第二次观察	6	13	4.6
第三次观察	30	64	4.7
平均值			4.7

5. 先在低倍镜下标定后，随即用推动器把镜台测微尺的刻度移到视野正中央，然后更换高倍镜。

6. 同法标定在高倍镜和油镜下目镜测微尺每格所代表的长度。

7. 标定完毕，取下镜台测微尺，先用一张擦镜纸擦去大部分香柏油，然后再用一张擦镜纸蘸少许二甲苯擦去残留的香柏油，再以另一张干净的擦镜纸轻轻擦去残留的二甲苯，然后将镜台测微尺装入盒内，妥为保存。

注意：由于不同显微镜及附件的放大倍数不同，因此标定目镜测微尺必须针对特定的显微镜和附件(特定的物镜、目镜、镜筒长度)进行，而且只能在特定的情况下重复使用，当更换不同放大倍数的目镜或物镜时，必须重新标定目镜测微尺每一格所代表的长度。

(二)细胞大小的测定

1. 制备菌悬液　向酿酒酵母斜面加入10 mL无菌水，用接种环轻轻刮下菌苔，充分振荡，混合均匀，然后适当稀释至制成一定浓度的菌悬液(如稀释至10^{-2}或10^{-3}稀释度)。

2. 制备酿酒酵母水浸片　在一洁净载玻片中央滴加1滴菌悬液，轻轻盖上盖玻片，注意不要产生气泡，吸水纸吸取多余菌液。

3. 测量酿酒酵母大小　将酿酒酵母水浸片放在显微镜载物台上，先在低倍镜下找到目的物，然后在高倍镜下用目镜测微尺来测量酵母菌菌体的长、宽各占几格(不足1格的部分估计到小数点后一位数)。一般测量菌体的大小要在同一个标本片上测定10～20个菌体，求出平均值，即可代表该菌的大小。

4. 枯草杆菌菌体大小的测定方法与酿酒酵母基本一致，但细菌一般用染色片测定(因为菌体经染色后，菌体一般会缩小，所以需注明染色方法)，测定在油镜下进行。

五、作业与思考题

1. 将目镜测微尺标定结果填入表11-1中。

表11-1 目镜测微尺标定结果

物镜	物镜倍数	标定次数	目镜测微尺（格）	镜台测微尺（格）	目镜测微尺标定值（μm）
低倍镜		1			
		2			
		3			
	目镜测微尺标定值（平均值）＝				
高倍镜		1			
		2			
		3			
	目镜测微尺标定值（平均值）＝				
油镜		1			
		2			
		3			
	目镜测微尺标定值（平均值）＝				

2. 将酿酒酵母和枯草芽孢杆菌的测定结果填入表11-2和表11-3中。

表11-2 酿酒酵母菌体大小测定结果

测微尺格数	1	2	3	4	5	6	7	8	9	10	平均值
长											
宽											
菌体大小（μm）											

注：长、宽数值＝平均格数×标定值；大小表示：宽（μm）×长（μm）。

表 11-3　枯草芽孢杆菌菌体大小测定结果

测微尺格数	1	2	3	4	5	6	7	8	9	10	平均值
长											
宽											
菌体大小(μm)											

注:长、宽数值=平均格数×标定值;大小表示:宽(μm)×长(μm)。

3.为什么目镜测微尺必须用镜台测微尺标定?

4.在一台显微镜上标定的目镜测微尺数值,当换用另一台显微镜时,为什么需要重新标定?

实验十二　丝状真菌的形态及菌落特征观察

丝状真菌也称霉菌，营养体的基本单位是菌丝，其直径通常为 3～10 μm，比细菌或放线菌的细胞粗约 10 倍。菌丝有分支，分支的菌丝交错形成菌丝体。菌丝有无隔菌丝和有隔菌丝两种类型。无隔菌丝的菌丝无隔膜，整个菌丝就是一个单细胞，菌丝内有许多核，又称多核菌丝。在菌丝生长过程中只有细胞核的分裂和原生质的增长，而没有细胞数目的增加。有隔菌丝由多细胞组成，在菌丝生长过程中，细胞也随之分裂，因而细胞数目增多。每个细胞含一至多个核。由于隔膜具有小孔，因此相邻细胞内的物质可相互沟通。霉菌的菌丝可以区分为气生菌丝和基内菌丝，生长在固体培养基内部，具有吸收营养物质能力的菌丝称基内菌丝，由基内菌丝向上生长，伸展在空气中的菌丝称气生菌丝。一部分气生菌丝发育到一定阶段，分化成繁殖器官，在上面产生孢子。在长期的自然选择下，真菌的营养菌丝发生多种变态，从而更有效地获取养料，以满足生长发育的需要。常见的变态菌丝有吸器、菌环和菌网、假根等。

一、实验目的

1. 学习并掌握观察丝状真菌的基本方法。
2. 了解常见丝状真菌的基本形态特征。
3. 观察并掌握丝状真菌的菌落特征。

二、实验原理

丝状真菌的菌丝和孢子较大，放大 400～500 倍，甚至 100 倍左右就可以清楚地看见，因此可以用低倍镜或高倍镜观察。但丝状真菌的细胞易收缩变形，而且孢子很容易分散，所以制标本时常用乳酸棉蓝染液。此染液制成的霉菌标本片其特点是：细胞不变形，具有防腐作用；不易干燥，能保存较长时间；能防止孢子飞散；溶液本身呈蓝色，有一定染色效果，并且蓝色能增强反差。必要时，还可用树脂封固，制成永久标本长期保存。

观察丝状真菌的形态有多种方法，常用的有：直接观察法、水封片（也称水压片、水浸片)观察法、载片培养观察法和玻璃纸培养观察法等。直接观察法是将培养皿直接置于显微镜下用低倍镜观察,可以看清气生菌丝、孢子和孢子囊等,但此法不能用高倍镜观察,无法看清细微结构。水封片是将菌丝等挑取到水滴(或染色液)中,制成制片进行观察。但在挑取菌丝体时,菌体各部分结构易被破坏,不利于观察其完整形态。载玻片培养观察法是用无菌操作将培养物琼脂薄层放置于载玻片上,接种后盖上盖玻片培养,霉菌即在载玻片和盖玻片之间的有限空间内沿盖玻片横向生长。培养一定时间后,将载玻片上的培养物置于显微镜下观察。这种方法既可以保持霉菌自然生长状态,便于观察到霉菌完整的菌丝体,还便于在不同时期进行观察。玻璃纸培养观察法:其原理与放线菌的观察相同(见实验八),该方法用于观察不同生长阶段霉菌的形态,也可得到清晰、完整、保持自然状态的霉菌形态,效果良好。

丝状真菌的菌落形态较大,菌落外观可见明显的丝状结构,干燥,不透明,后期由于孢子的形成表面常呈粉粒状,因为孢子常伴有颜色,所以呈现出肉眼可见的色泽,如绿、黄、青、橙、黑等。丝状真菌在固体培养基上形成的菌落有些较紧密,呈地毯状,有些较疏松,呈绒毛状、棉絮状或蜘蛛网状。基内菌丝常分泌色素,水溶性的色素可扩散到培养基内,使得培养基呈现颜色。霉菌的菌丝体及其菌落形态特征是霉菌分类、鉴定的重要依据。

三、实验材料与用品

菌种:曲霉(*Aspergillus* sp.)、青霉(*Pencillium* sp.)、根霉(*Rhizopus* sp.)、毛霉(*Mucor* sp.)“+”和“-”型菌株、镰刀菌(*Fusarium* sp.),28℃在马铃薯琼脂平板上生长 4~5 d。

染色液:乳酸石炭酸棉蓝染液或乳酸酚棉蓝染液。

培养基:马铃薯培养基、查氏培养基。

器皿及材料:无菌培养皿、无菌载玻片、无菌盖玻片、U 形玻璃棒、无菌玻璃纸、无菌滤纸、解剖刀、解剖针、镊子、无菌吸管、20%甘油、吸水纸、擦镜纸、记号笔、酒精灯、火柴等。

仪器与设备:光学显微镜。

四、实验内容与方法

(一)直接观察法

将培养皿直接置于显微镜载物台上,在低倍镜下直接观察霉菌的各部分结构。

(二)水封片法

在载玻片上滴 1 滴乳酸棉蓝染液,用接种针(或解剖针)挑取少量菌丝,置于乳酸棉蓝染液中,用解剖针小心地将菌丝分散开,盖上盖玻片(注意避免产生气泡,以免影响观察)。先用低倍镜找到视野,然后用高倍镜观察。

根霉:观察菌丝有无隔膜,观察孢子囊梗、孢子囊、囊轴、囊托、假根和匍匐枝、孢囊孢子的形状、大小等。

毛霉:观察菌丝有无隔膜,观察孢子囊梗(注意其分支方式),孢子囊、囊轴、囊领、孢囊孢子的形状、大小等。

曲霉:观察菌丝有无隔膜,观察分生孢子梗、顶囊、小梗、足细胞、分生孢子着生位置和分生孢子的形状等。

青霉:观察菌丝有无隔膜,观察分生孢子梗(注意其分支方式)、副枝、小梗、分生孢子着生位置和分生孢子的形状等。

镰刀菌:观察菌丝有无隔膜,观察分生孢子梗、大型分生孢子和小型分生孢子的形状等。

(三)载片培养法

1. 培养小室准备　取一培养皿,在培养皿的底部铺一张略小于培养皿的圆形滤纸片,在滤纸片上放一个 U 形玻璃棒,再在 U 形玻璃棒上放置一块载玻片和两块盖玻片(图 12-1)。盖上平皿盖,包扎后于 121℃湿热灭菌 30 min,置 60℃烘箱中烘干,备用。

2. 琼脂块制作　取已融化并冷却至 50℃左右的马铃薯琼脂培养基 6～7 mL 注入另一灭菌平皿中,使之凝固成薄层。用无菌解剖刀切成 0.5～1.0 cm^2 的琼脂块,并将其移至上述载玻片上(每片载片放 1～2 块,图 12-1)。制作过程注意无菌操作。

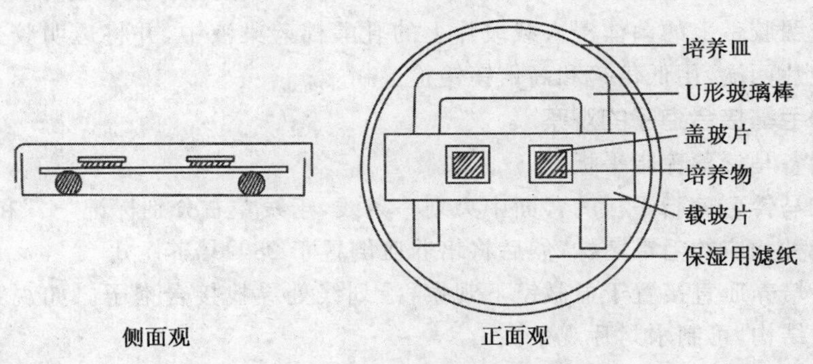

图 12-1　小室载玻片培养法示意图

3. 接种　用接种环挑取少量的真菌孢子接种于培养基四周，然后用无菌镊子将盖玻片覆盖在琼脂块上，并轻压使之与载玻片间留有极小缝隙，但不能紧贴载玻片，否则不透气。注意：接种量要少，尽可能将孢子分散接种在琼脂块边缘上，否则培养后菌丝过于稠密，影响观察。

4. 保湿培养　在培养皿的滤纸上加 3～5 mL 灭菌的 20%甘油(用于保持培养皿内的湿度)，盖上皿盖，置 28～30℃培养。

5. 镜检　根据需要可在不同时间取出培养菌的载玻片观察，先用低倍镜观察，必要时用高倍镜观察。各菌的观察内容如水封片。

(四)玻璃纸法

霉菌的玻璃纸观察法与放线菌的玻璃纸法基本相同，由于有些霉菌蔓延能力很强，一般不将玻璃纸剪成小块，而是剪成略小于培养皿的圆形，灭菌后备用，过程如下。

1. 制备马铃薯平板。

2. 用无菌镊子将已灭菌的圆形玻璃纸平铺在培养基平板上，铺玻璃纸时可用无菌玻璃刮铲将玻璃纸与培养基之间的气泡除去，使玻璃纸紧贴培养基表面。

3. 将 5 mL 无菌水加入霉菌斜面试管中，制成菌悬液。

4. 吸取 0.2 mL 菌悬液于玻璃纸平板上，涂布均匀。

5. 将培养皿倒置于 28℃温箱中培养。

6. 根据需要可在不同时间剪取一小块玻璃纸，放在滴有染液的载玻片上，加盖片后置于显微镜下观察。

(五)透明胶带法

取 1 滴乳酸棉蓝染液置于载玻片中央，剪取一段透明胶带，长度略长于载玻片。打开霉菌平板培养物，将透明胶带面轻轻触及菌落表面，粘取菌体，粘面朝下，将粘在透明胶带上的菌体浸入载玻片上的乳酸棉蓝染液中，并将透明胶带两端固定在载玻片两端，用低倍镜和高倍镜镜检。

(六)毛霉接合孢子的观察

1. 制备马铃薯琼脂平板。

2. 在马铃薯琼脂平板的背面中央划一条线，于线左右分别标记“＋”和“－”。

3. 接种相应的毛霉菌株，然后将培养皿倒置于 28℃培养 7 d。

4. 将培养皿直接置于显微镜下观察，沿划线处寻找接合孢子。如观察接合孢子的细微结构，可制水封片观察。

(七)霉菌的菌落特征观察

制备查氏培养基平板，在平板培养基中央分别接种毛霉、根霉、曲霉和镰刀菌，

25～28℃培养 5 d 后观察。霉菌菌落特征描述有：菌落大小、形状、颜色、表面结构、菌丝松紧度、色素等。

五、作业与思考题

1. 绘制毛霉、根霉、曲霉、青霉和镰刀菌的个体形态图，并注明各部位名称。

2. 绘制毛霉接合孢子的个体形态图，并注明各部位名称。

3. 记录毛霉、根霉、曲霉、青霉和镰刀菌的菌落特征观察结果，将观察结果记录在表 12-1 中。

表 12-1　霉菌菌落特征记录

菌落特征 / 菌名	大小	形状	孢子颜色	表面结构	松紧度	色素
毛霉						
根霉						
曲霉						
青霉						
镰刀菌						

4. 实验中采用了不同的方法观察霉菌，比较说明各方法的优缺点，你认为哪种方法较好？

5. 总结霉菌菌落的特征，如何与放线菌的菌落区分？

实验十三　噬菌体效价的测定

噬菌体即细菌病毒，它不具备细胞结构，只能在寄主细胞内复制，在光学显微镜下不能被观察到。但噬菌体浸染寄主后，可导致寄主细胞的裂解，利用这一特性，我们可以推断噬菌体的存在。

一、实验目的

1. 了解噬菌体效价测定的原理。

2. 学习并掌握用双层琼脂平板法测定噬菌体效价。

二、实验原理

噬菌体效价即每毫升培养液中含有具感染力噬菌体的数量。其测定原理是：噬菌体感染寄主后，导致寄主细胞死亡并裂解，在琼脂培养基的表面可形成一个空斑——噬菌斑(plaque)。双层平板法是：首先在无菌培养皿中倒入营养琼脂作为底层，然后将适当稀释的噬菌体与培养至对数期的受体菌混合，保温一段时间，使噬菌体充分吸附到受体菌细胞上，然后与冷却至45℃左右的半固体琼脂糖迅速混匀后倒在底层平板上，形成双层平板。只要噬菌体具有感染力就可以形成噬菌斑。根据在不同稀释度平板上出现的噬菌斑数，即可计算出原液噬菌体的效价。

三、实验材料与用品

菌种：大肠杆菌(*Escherichia coli*)LE392。

噬菌体：λ 噬菌体 EA94。

培养基：300 mL 三角瓶分装 50 mL LB 液体培养基、300 mL 三角瓶分装 150 mL LB 固体培养基、18 mm×180 mm 试管分装 12 mL 0.7%琼脂糖。

试剂和缓冲液：20%麦芽糖、1 mol/L $MgSO_4$、10 mmol/L $MgSO_4$、18 mm×180 mm 试管分装 9 mL 和 9.9 mL 噬菌体缓冲液(20 mmol/L Tris pH 7.4、100 mmol/L NaCl、10 mmol/L $MgSO_4$)，以上试剂和缓冲液均需灭菌后方可使用。

器皿及材料：50 mL 灭菌离心管、1.5 mL 灭菌小离心管、100 μL 和 200 μL 灭菌枪头、1 mL 和 5 mL 无菌吸管、无菌培养皿、取样器、酒精灯、接种环、记号笔、75％消毒酒精瓶、火柴等。

仪器与设备：恒温培养箱。

四、实验内容与方法

1. 制底层平板　将融化并冷却至 45℃左右的 LB 培养基倒入无菌培养皿，每皿 10～12 mL，制备 10 个平皿，凝固后备用。

2. 制备噬菌体稀释液　用取样器取 100 μL 噬菌体原液于 9.9 mL 缓冲液中，得 100 倍（10^{-2}）噬菌体稀释液。再用 1 mL 无菌吸管吸取该稀释液 1 mL 于 9 mL 缓冲液中得 10^{-3} 稀释液，依此类推至 10^{-7} 稀释液。

3. 制备受体菌细胞　将活化的大肠杆菌接种于 50 mL LB 液体培养基（内含 0.5 mL 20％麦芽糖和 0.5 mL 1 mol/L $MgSO_4$）中，37℃培养过夜。4 000 r/min 离心收集菌体细胞，重悬于 20 mL 10 mmol/L $MgSO_4$ 溶液中，备用。

4. 吸附　用取样器取 100 μL 10^{-5}、10^{-6} 和 10^{-7} 噬菌体稀释液与 100 μL 受体菌细胞液充分混合（在小离心管中），37℃保温 25 min。

5. 制上层平板　用取样器取出全部混合液（200 μL）加入到冷却至 45℃左右的 0.7％琼脂糖中，迅速混匀。取 4 mL 加入到底层平板上，旋转培养皿，使其均匀覆盖在底层平板上，每个稀释度设 3 个重复，共 9 皿，另有 1 皿只接种大肠杆菌，不接种噬菌体作为对照。

6. 培养　静置 5～10 min，倒置培养皿于 37℃培养 15～18 h 后，检查结果。

五、作业与思考题

1. 记录平板上出现的噬菌斑数，并计算噬菌体原液的效价。

表 13-1　噬菌斑计数结果

噬菌体稀释度	10^{-5}			10^{-6}			10^{-7}		
重复	1	2	3	1	2	3	1	2	3
噬菌斑数（个/皿）									
平均数（个/皿）									
噬菌体原液效价（pfu/mL）＝									

计算公式为：

噬菌体形成单位(pfu/mL)＝噬菌斑平均数×稀释倍数×10

2.噬菌斑形成单位与菌落形成单位有何不同？

3.根据本次实验的经验，你认为哪些操作会影响实验的准确性？

4.有人说，噬菌体与受体菌混合后，保温时间越长，噬菌体的吸附效果就越好，你认为这种说法对吗？为什么？

实验十四　培养基的制备

培养基是人工配制的适合微生物生长繁殖或积累代谢产物的营养基质，用以培养、分离、鉴定、保藏各种微生物或积累代谢产物。凡是进行微生物学实验和相关的生产，都要选择和配制培养基。因此，正确掌握培养基的配制方法是从事微生物学实验工作的重要基础。

一、实验目的

1. 掌握培养基的配制原理。

2. 通过对几种培养基的配制，掌握配制培养基的一般方法和步骤。

二、实验原理

培养基是按照微生物生长发育的需要，用不同组分的营养物质调制而成的营养基质。人工制备培养基的目的在于给微生物创造一个良好的营养条件。把一定的培养基放入一定的器皿中，就提供了人工繁殖微生物的环境和场所。不同种类和不同组成的培养基中，除含有水分、碳水化合物、含氮化合物和无机盐外，还需要各种必要的维生素，以提供组成菌体细胞的原料和代谢活动能源。此外，培养基还应具有适宜的酸碱度（pH 值）和一定缓冲能力及一定的氧化还原电位和合适的渗透压。因此，对不同种类的微生物，应将培养基调节到一定的 pH 范围。例如，细菌、放线菌培养基中性或偏碱，霉菌、酵母菌的培养基偏酸。

自然界中，微生物种类繁多，由于不同微生物营养类型不同，对营养物质的要求也各不相同。因此，需提供不同种类的培养基。

按照配制培养基的营养物质来源，可将培养基分为天然培养基、半合成培养基和合成培养基 3 类。培养细菌用的牛肉膏蛋白胨培养基是一种应用十分广泛的天然培养基，其中牛肉膏为微生物提供碳源、磷酸盐和维生素，蛋白胨主要提供氮源和维生素。高氏一号培养基是用来培养和观察放线菌形态特征的合成培养基，此合成培养基除含有淀粉外，还含有多种化学成分已知的无机盐。马铃薯培养基是用来分离和培养真菌的半合成培养基。

按照培养基制成后的流动性，可将培养基分为液体培养基、固体培养基和半固体培养基。固体培养基是在液体培养基中添加凝固剂制成的，最常用的凝固剂是琼脂，也称洋菜。琼脂是从海藻中提取而得到的多糖，融化温度为96℃，凝固温度为45℃，因其融点与凝固点相差较大，使用十分方便，配制固体培养基中加入1.5%～2.0%的琼脂，半固体培养加入0.2%～0.5%的琼脂。

按照培养基使用的用途，可将培养基分为选择培养基、加富培养基及鉴别培养基等。

总之，培养基的类型和种类是多种多样的，必须根据不同的微生物和不同的目的进行选择配制，在配制培养基时，应掌握如下原则和要求。

(1)培养基必须含有微生物生长繁殖所需要的营养物质。所用的化学药品必须纯净，称取的分量务必准确。

(2)如果在培养基中含有的无机盐可能相互作用而产生沉淀，在混合各成分时，应按配方要求的顺序依次溶解混合。

(3)对于需要量很低的微量元素，可预先配成高浓度的微量元素贮备液，然后再按一定的量加到培养基中。

(4)培养基的酸碱度应符合微生物生长要求。按各种培养基要求准确测定调节 pH 值。

(5)培养基的灭菌时间和温度，应按照各种培养基的规定进行，以保证灭菌效果及不损失培养基的必需营养成分。培养基经灭菌后，必须置37℃温箱中培养24 h，无菌生长者方可应用。

(6)所用器皿须洁净，忌用铁质器皿，要求没有抑制微生物生长的物质存在。

(7)制成的培养基应该是透明的，以便观察微生物生长性状以及其他代谢活动所产生的变化。

三、实验材料与用品

药品：牛肉膏、蛋白胨、葡萄糖(或蔗糖)、可溶性淀粉、$K_2HPO_4 \cdot 3H_2O$、NaCl、KNO_3、$MgSO_4 \cdot 7H_2O$、10% $FeSO_4 \cdot 7H_2O$ 溶液、1 mol/L 的 NaOH 和 HCl 溶液、琼脂。

器皿及材料：马铃薯、试管、烧杯、搪瓷量杯(1 000 mL)、量筒、三角瓶、玻璃漏斗、药匙、称量纸、玻璃棒、精密 pH 试纸、记号笔、牛皮纸、线绳、棉花、分装架、试管架、铁丝筐、剪刀、镊子等。

仪器与设备：天平、电炉或电磁炉、高压蒸汽灭菌锅。

四、实验内容与方法

(一)配制培养基的基本过程

1.液体培养基的配制

(1)原料称量 根据培养基配方，用天平准确称取配制培养基所需的各种原料成分。

(2)原料溶解 在容器(常用搪瓷或不锈钢容器)中加所需水量的一半(根据实验需要可用自来水或蒸馏水)，然后依次将各种原料加入水中，用玻璃棒搅拌使之溶解。某些不易溶解的原料如蛋白胨、牛肉膏等可先在小容器中加少许水加热溶解后再冲入容器中。有些原料需用量很少，不易称量，可先配成高浓度的母液按比例换算后取一定体积的溶液加入容器中。待原料全部放入容器后，加热使其充分溶解，并补足需要的全部水分。

(3)调节 pH 调节培养基酸碱度最简单的方法是用精密 pH 试纸进行测定。用剪刀剪出一小段 pH 试纸，然后用镊子夹取此段 pH 试纸，在培养基中蘸一下，观看其 pH 范围，如培养基偏酸或偏碱时，可用 1 mol/L NaOH 或 1 mol/L HCl 溶液进行调节。调节 pH 时，应逐渐滴加 NaOH 或 HCl 溶液，防止局部过酸或过碱，破坏培养基中成分。边加边搅拌，并不时用 pH 试纸测试，直至达到所需 pH 为止。

(4)过滤和澄清 液体培养基如果浑浊或有沉淀，须采用过滤或其他方法澄清。一般液体培养基可采用滤纸，滤纸应折叠成折扇或漏斗形，以避免因液压不均匀而引起滤纸破裂。

(5)分装和包扎。

(6)灭菌，详细方法见实验十五。

2.固体培养基的配制 固体培养基的原料称量、溶解和 pH 值调节同液体培养基，与液体培养基的区别是在培养基中需加入琼脂。目前常用有琼脂条和琼脂粉，琼脂粉的质量好，杂质少，可以直接称量后加入，如在 500 mL 的三角瓶中先装入 300 mL 配制好的液体培养基，然后称量加入 4.5～6 g 琼脂粉(1.5%～2.0%)，在灭菌过程中，琼脂粉可全部融化。

如果使用琼脂条，称量后将琼脂条用剪刀剪成小段，以便融化。然后将已配好的液体培养基加热煮沸，加入琼脂条，并用玻璃棒不断搅拌，以免糊底烧焦(如发现有烧焦现象，该培养基不能使用，应重新制备)。继续加热至琼脂全部融化，最后用热水补足因蒸发而失去的水分。

琼脂条往往含有一定的杂质，需要过滤，方法是：用清洁的四层白色纱布趁热过滤，亦可用中间夹有薄层脱脂棉的双层纱布过滤。

趁热分装，包扎、灭菌后即可使用。

3. 分装　根据不同的使用目的，已配好的培养基需分装入试管或三角瓶内，分装量应视具体情况而定，要做到适量实用。分装量过多、过少或使用容器不当，都会影响随后的工作。

培养基大多具有黏性，在分装时注意不要使培养基沾污管口或瓶口，造成污染。如操作不小心，培养基沾污管口或瓶口时，可用镊子夹一小块脱脂棉，擦去管口或瓶口的培养基，并弃去脱脂棉。

(1)试管的分装　液体培养基分装架如图 14-1 所示，一个玻璃漏斗，装在铁架台上，漏斗下连一根橡皮管，橡皮管下端再与另一玻璃管相接，橡皮管的中部加一弹簧夹。分装时，一手拿住空试管中部，并将漏斗下的玻璃管嘴插入试管内，以右手拇指及食指开放弹簧夹，使培养基直接流入试管内。装入试管培养基的量视试管大小及需要而定，一般液体培养基可分装至试管高度 1/4 左右为宜。如分装固体或半固体培养基时，在琼脂完全融化后，应趁热分装于试管中。用于制作斜面的固体培养基的分装量为管高 1/5，半固体培养基分装量为管高的 1/3 为宜。

(2)三角瓶的分装　用于振荡培养微生物的液体培养基，可在 250 mL 三角瓶中加入 50 mL 培养基，用于制作平板的固体培养基，可在 250 mL 三角瓶中加入 150 mL 左右琼脂培养基。

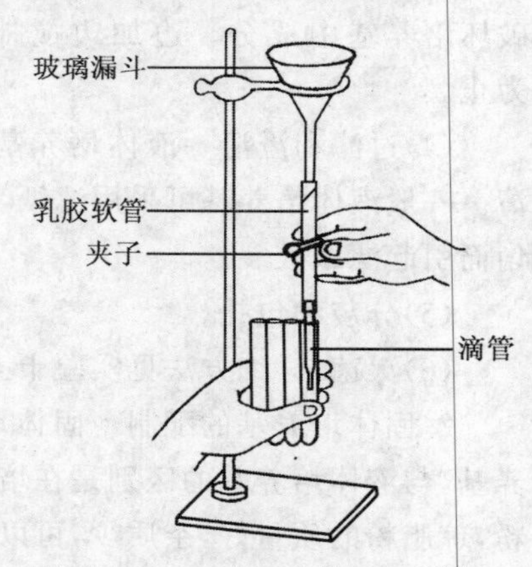

图 14-1　液体培养基分装示意图

4. 棉塞的制作及包扎　培养基分装到各种规格的容器后，应按管口的不同大小分别塞以大小适度、松紧适合的棉塞，过紧妨碍空气流通，操作不便，过松则达不到滤菌的目的。加棉塞的作用主要在于阻止外界微生物进入培养基内，防止由此而可能导致的污染。同时，还可保证良好的通气性能，使微生物能不断地获得无菌空气。

(1)试管棉塞的制作　棉塞的制作并没有统一规定的方法，只要制作的棉塞紧贴管壁，不留缝隙，能防外界微生物侵入，松紧适宜，表面整齐，棉塞的 2/3 在试管内，1/3 在试管外，塞好后手提棉塞，试管不下落即可(图 14-2)。

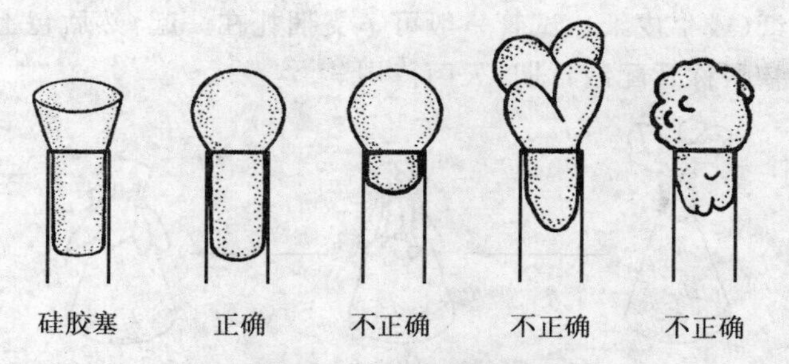

图 14-2 正确与不正确的棉塞

制作棉塞的棉花应选用精梳棉花(不用脱脂棉做棉塞),图 14-3 所示为一种棉塞的制作过程(折叠卷塞法)。也可用一块大小、厚薄适当的精梳棉铺展于左手拇指和食指扣成的团孔上,用右手食指将棉花从中央压入团孔中制成棉塞,然后直接压入试管,也可借用玻璃棒等塞入。

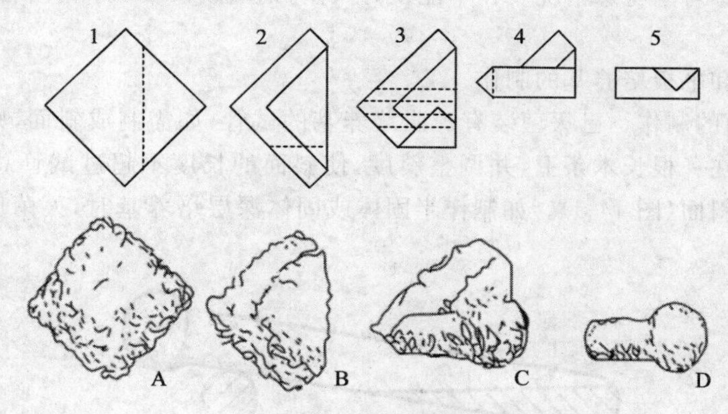

图 14-3 试管棉塞制作过程

目前用硅胶塞替代棉塞已经非常普遍。

(2)三角瓶棉塞的制作　在微生物实验和科研中,有些微生物需要更好地通气,则可用 8 层纱布相互重叠制成通气塞,或是在 2～4 层纱布间均匀地铺一层棉花而成。这种通气塞通常用在装有液体培养基的三角瓶口上。经接种后,放在摇床上进行振荡培养,以获得良好的通气促使菌体的生长和发酵,通气塞的形状如图 14-4 所示。装固体培养基的三角瓶,棉塞的制作与试管棉塞基本一致,只是尺寸要大一些,以适合三角瓶口。

试管和三角瓶加塞后,为防止在灭菌过程中水蒸气打湿棉塞,需在管口和瓶口包上一层防潮纸(或牛皮纸),试管一般可7支捆扎在一起,然后包上防潮纸。用记号笔注明培养基名称及配制日期,灭菌待用。

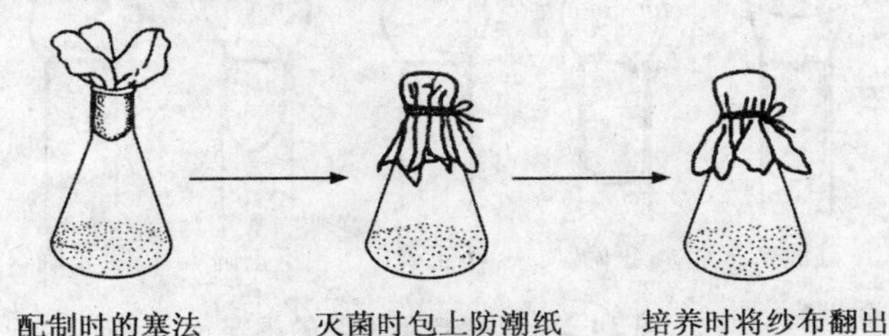

图 14-4　通气塞和使用方法

5.培养基的灭菌　培养基经分装、加塞、包扎后,应立即按配制方法规定的灭菌条件进行高压蒸汽灭菌。如延误时间,则可能因杂菌繁殖孳生,导致培养基变质而不能使用。若因特殊情况实在不能及时灭菌,则应放入4℃冰箱内暂存,但时间不宜过久。

6.斜面和平板培养基的制作

(1)斜面的制作　已灭菌装有琼脂培养基的试管,如需制成斜面,则需趁热将试管口端搁在一根长木条上,并调整斜度,使斜面的长度不超过试管总长的1/2,凝固后即成斜面(图14-5)。如制作半固体或固体深层培养基时,灭菌后则应垂直放置至凝固。

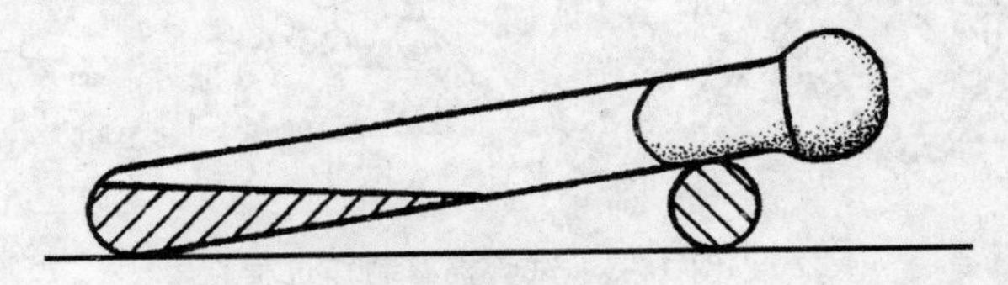

图 14-5　摆斜面示意图

(2)平板培养基的制作　培养基一般是现用现制备,装在三角瓶中已灭菌的琼脂培养基放置2～3个月仍然可以使用。需用平板培养基时:将装在三角瓶中已灭菌的琼脂培养基加热融化,待冷却至50℃左右倾入无菌培养皿中。温度过高时,皿盖上的冷凝水太多,温度低于50℃,培养基易于凝固而无法制作平板。

平板的制作方法见实验一中图1-1所示。

7.培养基的无菌检查　灭菌后的培养基,一般需进行无菌检查,取出1～2管(瓶),置于37℃温箱中培养24～48 h,确定无菌后方可使用。

(二)几种常用培养基的配制

1. 牛肉膏蛋白胨培养基　牛肉膏蛋白胨培养基常用于培养细菌，为天然培养基。其配方如下：牛肉膏 5.0 g，蛋白胨 10.0 g，NaCl 5.0 g，琼脂 15～20 g，水 1 000 mL，pH 7.4～7.6。下面以配置 1 000 mL 牛肉膏蛋白胨培养基为例说明其配置方法和步骤。

(1)按培养基配方称取牛肉膏和蛋白胨放在 200 mL 小烧杯中，加 100 mL 水，置电炉上搅拌加热至牛肉膏、蛋白胨完全熔解。牛肉膏可放在称量纸上称量，随后放入热水中，牛肉膏便与称量纸分离，立即取出纸片。蛋白胨易吸潮，故称量时要迅速。

(2)将溶解的牛肉膏、蛋白胨倒入 1 000 mL 搪瓷量杯(或不锈钢容器)中，量取 100～200 mL 水，冲洗小烧杯 2～3 次，加入 NaCl，在电炉上边加热边搅拌至彻底溶解，补足水量至 1 000 mL。

(3)用玻棒蘸少许液体，用精密 pH 试纸测定 pH 值，如果 pH 值不在要求的范围，用 1 mol/L NaOH 或 HCl 调至 pH 7.4～7.6。

(4)如配制固体培养基，加入称量好的琼脂。

(5)按培养基要求进行分装、塞好棉塞、包扎和做好标记。

(6)0.1 MPa，121℃，高压蒸汽灭菌 30 min。

2. 高氏一号培养基　高氏一号培养基用于分离培养放线菌，是一种合成培养基。其配方如下：可溶性淀粉 20.0 g，KNO_3 1.0 g，NaCl 0.5 g，$K_2HPO_4 \cdot 3H_2O$ 0.5 g，$MgSO_4 \cdot 7H_2O$ 0.5 g，$FeSO_4 \cdot 7H_2O$ 0.01 g，琼脂 15～20 g，蒸馏水 1 000 mL，pH 7.4～7.6。下面以配置 1 000 mL 高氏一号培养基为例说明其配置方法和步骤。

(1)按培养基配方，依次称取各种药品(可溶性淀粉除外)放入 1 000 mL 搪瓷量杯中，加入约 500 mL 水，放在电炉上边加热边搅拌。可溶性淀粉加入 200 mL 烧杯中，加入 50～100 mL 水调成糊状，待加热的培养液沸腾时加入，边加入边搅拌，防止糊底。补足水量至 1 000 mL。

(2)用玻璃棒蘸少许液体，测定 pH 值。如果 pH 值不在要求的范围，用 1 mol/L NaOH 或 HCl 调至 pH 7.4～7.6。

(3)如配制固体培养基，加入称量好的琼脂。

(4)按培养基要求进行分装、塞好棉塞、包扎和做好标记。

(5)以 0.1 MPa，121℃，高压蒸汽灭菌 30 min。

3. 马铃薯培养基　马铃薯琼脂培养基可用于培养各种真菌，是一种半合成培养基。其配方如下：马铃薯(去皮)200 g，蔗糖(或葡萄糖)20 g，琼脂 15～20 g，水

1 000 mL,pH 自然。下面以配置 1 000 mL 马铃薯琼脂培养基为例说明其配置方法和步骤。

(1)称取去皮新鲜马铃薯 200 g 切成 1 cm^3 小块,放入小锅中,加 1 000 mL 水,置电炉上煮沸 15～30 min 后,用 4 层纱布过滤。收集滤液于小锅或搪瓷量杯中。

(2)加入称量好的蔗糖,并补足水量至 1 000 mL。

(3)如配制固体培养基,加入称量好的琼脂。

(4)按培养基要求进行分装、塞好棉塞、捆扎和做好标记。

(5)以 0.1 MPa,121℃,高压蒸汽灭菌 30 min。

4. 马丁氏固体培养基的配制　马丁氏培养基是用于分离真菌的选择培养基,其配方如下:$K_2HPO_4 \cdot 3H_2O$ 1.0 g,$MgSO_4 \cdot 7H_2O$ 0.5 g,蛋白胨 5.0 g,葡萄糖 10.0 g,琼脂 15～20 g,1%孟加拉红水溶液 3.3 mL,1%链霉素水溶液 0.3 mL,水 1 000 mL,pH 自然。下面以配置 1 000 mL 马丁氏琼脂培养基为例说明其配置方法和步骤。

(1)按配方称取各成分,并将其溶解在少于所需的水中。待各成分完全溶解后,补充水分到所需体积,在 1 000 mL 培养液中加入 1%的孟加拉红水溶液 3.3 mL,混匀后,加入琼脂加热融化。

(2)用漏斗趁热分装三角瓶中。塞好棉塞,捆扎和做好标记,灭菌。过程与前所述基本一致。

(3)链霉素受热容易分解,所以现用现加入。方法:现配 1%的链霉素溶液(或配好的链霉素溶液保存于−20℃),将培养基融化后待温度降至 50℃左右时,在 1 000 mL 培养基中加入 1%链霉素水溶液 0.3 mL,迅速混匀。

5. 土壤浸出液培养基　肥沃土壤含有大多数微生物生长所需的营养成分,取一定量熟化度高的肥沃土壤用水浸提,取滤液,加入其他营养物质制备的培养基,可用于培养细菌芽孢或分离根际微生物。其配方如下。

A 配方:牛肉膏 3.0 g,蛋白胨 5.0 g,土壤浸汁 250 mL,水 750 mL,琼脂 15～20 g, pH 7.2。

B 配方:蛋白胨 1.0 g,$MgSO_4 \cdot 7H_2O$ 0.005 g,酵母浸膏 1.0 g,$CaCl_2$ 0.5 g,$FeCl_3$ 0.01 g,$K_2HPO_4 \cdot 3H_2O$ 0.4 g,$(NH_4)_2HPO_4$ 0.5 g 土壤浸汁 250 mL,水 750 mL,琼脂 15～20 g,pH 7.4。

配方 A 为形成细菌芽孢的培养基,配方 B 常用作根际细菌的分离计数。

(1)取肥沃的菜园土 1 000 g 加 1 000 mL 自来水,100℃煮沸 30 min,冷却澄清后过滤,过滤清液即为土壤浸出液。

(2)量取 500 mL 自来水，按配方称量各种药品，牛肉膏、蛋白胨可先用小烧杯加少许水，加热溶化后加入搪瓷量杯中，并洗涤 2～3 次，于电炉加热煮沸。补足水至 1 000 mL。

(3)按配方要求调节 pH 值。

(4)加入琼脂，并加热至完全融化。趁热分装于试管或三角瓶中。塞好棉塞，捆扎和做好标记。

(5)以 0.1 MPa，121℃，高压蒸汽灭菌 30 min。

6. 麦芽汁培养基和米曲汁培养基　麦芽汁培养基和米曲汁培养基都是天然培养基。它们所含的营养物质丰富，是用来培养真菌的良好基质。这两种培养基的制作都包含有糖化这一重要过程，即分别利用麦芽或米曲饭中的淀粉酶来水解淀粉，使淀粉降解成小分子的葡萄糖、麦芽糖和其他寡糖，以利微生物利用。

(1)麦芽汁培养基的制备

①用水将大麦或小麦洗净，用水浸泡 6～12 h，置于 15℃阴凉处发芽，上盖纱布，每日早、中、晚淋水一次，待麦芽伸长至麦粒的 2 倍时，让其停止发芽，晒干或烘干(35～45℃)，研磨成麦芽粉，贮存备用。或将干大麦芽粉碎成大麦芽粉(越细越好，干的大麦芽也可向当地啤酒厂购买)。

②取麦芽粉 1 kg 加水 3 L 倒入锅中，置 65℃水浴锅中保温 3～4 h，使其自行糖化，直至糖化完全(检查方法是取 0.5 mL 的糖化液，加 2 滴碘液，如无蓝色出现，即表示糖化完全)。

③将糖化液用 4～6 层纱布过滤，滤液如仍浑浊，可用鸡蛋清澄清(用一个鸡蛋清，加水 20 mL，调匀至生泡沫，倒入糖化液中，搅拌煮沸，再过滤)。

④将上述所得滤液加水稀释至 10°～15° BX(一种表示糖液浓度的比重单位，用糖锤计测的)备用。

⑤如配固体麦芽汁培养基时，加入 1.5%～2%琼脂。

⑥分装、加塞、包扎。

⑦以 0.1 MPa，121℃，高压蒸汽灭菌 20～30 min。

(2)米曲汁培养基的制备

①大米加适量的水做成大米饭，放入已先行消毒、灭菌的木盘或搪瓷盘中，铺平冷至 36～37℃，备用。

②将米曲霉菌接入大米饭中，每千克大米可接入 1～2 试管的米曲霉菌，然后置 28～30℃中培养 24～36 h，菌丝即可布满，孢子也已形成，这就制成了淡黄色的米曲。而后从培养箱内取出即可入锅糖化或 35～45℃烘干备用。

③将大米饭曲按 1∶3 的比例加水(即 1 kg 大米饭曲加水 3 L)保温 60℃糖化

至无蓝色反应为止(检查方法同上)。

④余下操作同麦芽汁培养基的制备。

五、作业与思考题

1. 在配制培养基的操作过程中应注意哪些问题？为什么？

2. 培养基配制完成后，为什么必须立即灭菌？若不能及时灭菌应如何处理？已灭菌的培养基如何进行无菌检查？

3. 在培养基中，琼脂有何作用？它有哪些特性？

4. 配制培养基时为什么要调节 pH 值？

实验十五　灭菌技术

在微生物学实验中，需要进行纯培养，不能有任何杂菌污染，因此必须对所用器材、培养基和工作场所进行灭菌或消毒。灭菌是指杀死一定环境中的所有微生物，包括微生物的营养体、芽孢和孢子。人们通常可根据微生物的特点、待灭菌材料的性质与实验目的和要求来选用灭菌方法。本实验主要讲解实验中常用的高压蒸汽灭菌、干热灭菌和过滤除菌的方法。

一、实验目的

1. 了解高压蒸汽灭菌、干热灭菌和过滤除菌的原理和应用范围。
2. 学习并掌握使用高压灭菌锅进行灭菌的操作方法。
3. 学习并掌握干热灭菌的操作方法。
4. 学习并掌握过滤除菌的操作方法。

二、实验原理

高压蒸汽灭菌也称湿热灭菌，是将物品放在密闭的高压蒸汽灭菌锅内，在一定的压力下保持 15～30 min 进行灭菌。此法适用于培养基、无菌水、工作服等物品的灭菌，也可用于玻璃器皿的灭菌。

对于大多数的微生物细胞，在 100℃处理几分钟即可以杀死，但一些细菌的芽孢在 100℃即使处理几个小时也不能杀死。提高水蒸气压力的目的是提高蒸汽的温度，这样就可以在较短时间(15～30 min)内彻底杀死所有生活的微生物。

干热灭菌法也叫热空气灭菌法(hot air sterilization)，与高压蒸汽灭菌的差别在于加热过程中没有水蒸气产生。此法适用于玻璃器皿如吸管、试管和培养皿的灭菌。培养基、橡胶制品、塑料制品不能采用干热灭菌。

无论是高压蒸汽灭菌还是干热灭菌，其杀菌的原理基本一致，在高温下，细胞结构被破坏，蛋白质等生物大分子变性失活，导致微生物细胞死亡。

过滤除菌并不杀死微生物细胞，它只是通过物理的方式阻挡杂菌进入我们的研究材料(如培养基)中。有些物质，如抗生素、血清、维生素等若采用加热灭菌，容易受热分解而被破坏,因而要采用过滤除菌。

三、实验材料与用品

待灭菌物品:培养基、无菌水、培养皿、试管、吸管等。

器皿及材料:针头式过滤器、0.22 μm 滤膜、注射器等。

仪器与设备:手提式高压蒸汽灭菌器、干燥箱等。

四、实验内容与方法

(一)高压蒸汽灭菌

高压蒸汽灭菌在一个密闭的加压灭菌锅进行,通过加热,使灭菌锅夹层间的水沸腾而产生蒸汽。待水蒸气急剧地将锅内的冷空气从排气阀中排尽后,关闭排气阀,继续加热,此时由于蒸汽不能溢出,灭菌锅内的压力上升,水的沸点增高,获得高于 100℃的温度,从而达到灭菌的目的。

在相同的温度下,湿热灭菌的效果好于干热灭菌。原因是:①在湿热灭菌中菌体吸收水分,蛋白质容易凝固变性,蛋白质随着含水量的增加,所需凝固温度降低;②湿热灭菌中蒸汽的穿透力比干燥空气大;③蒸汽在被灭菌物体表面凝结,释放出大量的汽化潜热,能迅速提高灭菌物体表面的温度,从而增加灭菌效力。

实验室常用的灭菌锅有立式、卧式及手提式(图 15-1)等不同类型,但其基本结构和工作原理是相同的。

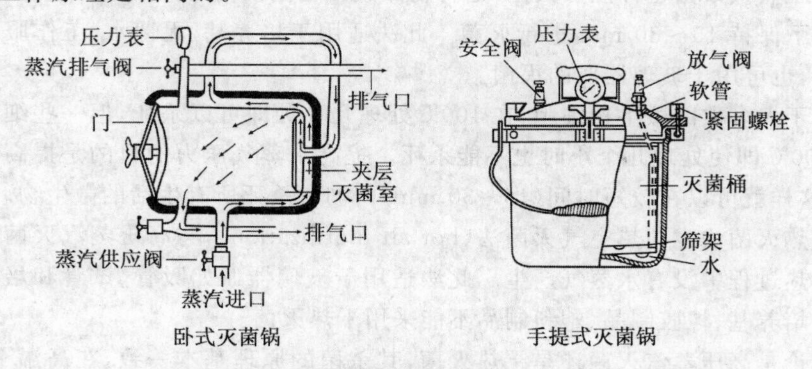

图 15-1 高压蒸汽灭菌锅

①外锅 灭菌锅最外层结构,是灭菌锅的主要耐压结构。

②热源 一般用电热丝,装在外锅内侧的底部,手提式灭菌锅可外用电炉或煤气炉加热。

③内锅 是放置灭菌物的空间。

④夹层 是在外锅与内锅之间的空间，是灭菌锅装水产生蒸汽的位置。

⑤压力表 大型灭菌锅上一般有2个压力表，外锅和内锅各装1个，手提式灭菌锅一般只在外锅盖上装有1个压力表。压力表上一般有2种单位：压强单位（兆帕，MPa）和温度单位（℃），便于参照查对。

⑥排气阀 大型灭菌锅上一般有2个排气阀，外锅、内锅上各1个，手提式灭菌锅一般只在外锅盖上装1个，用于排除空气。

⑦安全阀 是一种利用弹簧控制活塞的阀门，超过额定压力自行放气、减压，也称保险阀。

灭菌锅的操作过程大致如下。

1.加水 对于大型的灭菌锅，加水量可从水位玻璃管处观察，至要求的水位刻度。手提式灭菌锅是将内锅取出，向外锅内加入适量的水，使水面没过加热蛇管，与三角搁架相平为宜。切勿忘记检查水位，加水量过少，灭菌锅会发生烧干引起事故。

2.装料 在内锅里装入待灭菌的物品。注意不要装得太挤，以免妨碍蒸汽流通而影响灭菌效果，一般灭菌锅内物品的放置总量不应超过灭菌锅体积的85%。装有培养基的容器放置时要防止液体溢出，三角瓶与试管口一端均不要与内锅壁接触，以免冷凝水淋湿包扎的纸而透入棉塞。注意包扎后的灭菌的物品（灭菌包）不宜过大过紧（体积不应大于30 cm×30 cm×30 cm），各包之间留有空隙，以便于蒸汽流通、渗入包裹中央，排气时蒸汽迅速从包内排出，保持包内物品干燥。同时，还应注意盛装物品的容器应有孔，若无孔，应将容器盖打开一条缝。布类物品放在金属、搪瓷类物品之上。

3.盖上灭菌锅盖，以对称方式同时旋紧相对的两个螺栓，使螺栓松紧一致，以不漏气为准。

4.加热 接通电源加热，手提式灭菌锅可放在电炉上加热，打开排气阀。

5.排汽 加热至水沸腾，锅内的冷空气和水蒸气一起从排气阀中排出。一般认为从排气阀开始有蒸汽排出，计时15 min，可彻底排尽锅内冷空气。

特别注意，能否排尽锅内的冷空气，关系到灭菌是否彻底。如果锅内的冷空气排除不完全，即使锅内的压力达到要求的数值，但温度并不能达到要求的数值，会造成灭菌不彻底。

6.升压保温 冷空气完全排尽后，关闭排气阀，继续加热，锅内压力开始上升。当压力表指针达到所需压力时，控制电源，开始计时并维持压力至所需的时间。

在多数情况下，高压蒸汽灭菌采用0.1 MPa，121℃，灭菌时间15～30 min。对于一些不耐高温的物质如牛奶,可采用0.07 MPa,115℃,灭菌时间15～30 min。

7.降压　达到灭菌所需的时间后,切断电源,让灭菌锅温度自然下降,当压力表的压力降至"0"后,方可打开排气阀,排尽余下的蒸汽,旋松螺栓,打开锅盖,取出灭菌物品,若需放置斜面可立即摆好。

注意压力一定要降到"0"后,才能打开排气阀,开盖取物。否则会因锅内压力突然下降,使容器内的培养基或试剂由于内外压力不平衡而冲出容器口,造成瓶口被污染,甚至灼伤操作者。

8.如果灭菌锅长期不使用,应将夹层水放出,保持锅内清洁。

将已灭菌的培养基放入37℃恒温培养箱培养24 h,检查无杂菌生长后,方可使用。

(二)干热灭菌

干热灭菌是使用恒温控制的鼓风干燥箱作为干热灭菌器。它具有双层金属壁,中有隔热石棉板的箱体,顶端或背面有调气阀及插温度计的小孔,箱体下底夹层装有电热丝。在电热干燥箱内利用高温干燥空气进行灭菌,此法适用于玻璃器皿等物品的灭菌。

与湿热灭菌比较,在相同温度下,干热灭菌的效果不如湿热灭菌,因此干热灭菌要求的温度是160～170℃,灭菌时间2 h。

干热灭菌的操作过程大致如下。

1.装入待灭菌物品　将包好的待灭菌物品放入电热干燥箱内,关好箱门。堆积时要留有空隙,物品不要摆放得太挤,以免妨碍空气流通,而使温度计上的温度指示不准,造成上面温度达不到,下面温度过高,影响灭菌效果。灭菌物品不要接触电热干燥箱内壁的铁板、温度探头,以防包装纸烤焦起火。注意由于纸张和棉花在180℃以上时,容易焦化起火,所以干热灭菌的温度切莫超过180℃。由于油纸在高温下会产生油滴,滴到电热丝上易着火,所以进行干热灭菌的玻璃器皿严禁用油纸包装。

2.升温　接通电源,打开开关,适当打开电热干燥箱顶部的排气孔,旋动恒温调节器,使温度逐步上升。当温度升至100℃时,关闭排气孔,继续升温至160～170℃。

3.保温　当温度升到160～170℃时,借助恒温调节器的自动控制,保持此温度2 h。

4.降温　切断电源,自然降温。

5.开箱取物　待电热干燥箱内温度降到60℃以下后,才能打开箱门,取出灭菌物品。同时,应将温度调节旋钮调到零点,并打开排气孔。

不要在高温下打开箱门，由于温度的急剧下降，会使玻璃器皿爆裂，造成危害。

(三)过滤除菌

抗生素、血清、维生素等采用加热灭菌时，容易受热分解而被破坏，因而要采用过滤除菌。过滤除菌是通过机械作用滤去液体或气体中的微生物，该方法最大的优点是不破坏溶液中各种物质的化学成分。过滤除菌除实验室用于溶液、试剂的除菌外，在微生物工作中使用的净化工作台也是根据过滤除菌的原理设计的。实验室最常用的过滤除菌方法是采用针头微孔过滤器(图 15-2)，它由上、下两个分别具有出口和入口连接装置的塑料(也有金属的)盒组成，出口处可连接针头，入口处可连接针筒，使用时将滤膜装入两塑料盒之间，旋紧盒盖，当溶液从针筒注入滤器时，各种微生物被阻留在微孔滤膜上面，而液体和小分子物质通过滤膜，从而达到除菌的目的。

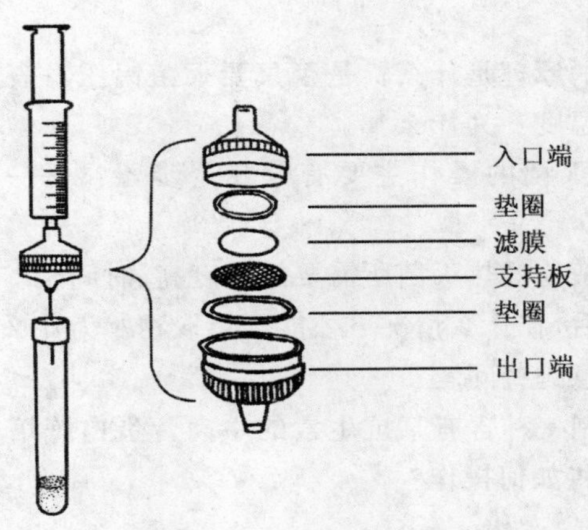

图 15-2 针头式过滤器

滤膜是由硝酸纤维素、醋酸纤维素等制成的薄膜，有孔径大小不同的多种规格(如 0.1 μm、0.22 μm、0.3 μm、0.45 μm 等)，实验室中用于除菌的微孔滤膜孔径一般为 0.22 μm。根据待除菌溶液量的多少，可选用不同大小的滤器。该滤器的优点是吸附性小，即溶液中的物质损耗少，过滤速度快，每张滤膜只使用 1 次，不用清洗。

过滤除菌操作过程大致如下。

1. 组装、灭菌滤器　将 0.22 μm 孔径的滤膜装入清洗干净的塑料滤器中，滤膜的光面朝向入口端，旋紧压平，包装灭菌后待用(0.1 MPa，121℃，灭菌 20～30 min)。

2.连接　将灭菌滤器的入口在无菌条件下，以无菌操作方式连接于装有待滤溶液的注射器上，将滤器出口端插入接收滤液的无菌容器(试管、三角瓶等)中，在操作过程中手不能接触滤器出口端。

3.压滤　将注射器中的待滤溶液缓缓加压过滤到无菌容器中，压滤时用力要适当，不可太猛太快，以免滤膜被压破。

4.无菌检查　无菌操作吸取 0.1 mL 滤液均匀涂布于牛肉膏蛋白胨琼脂平板上，37℃培养 24 h，检查是否有杂菌生长。

5.滤器清洗　弃去塑料滤器上的微孔滤膜，将塑料滤器清洗干净，并换上一张新的微孔滤膜，组装包扎，再经灭菌后使用。

整个过程应严格按照无菌操作，以防污染，过滤时应避免各连接处出现渗漏现象。

五、作业与思考题

1.加压蒸汽灭菌的原理是什么？是否只要灭菌锅压力表达到所需值时，锅内就能获得所需的灭菌温度？为什么？

2.进行加压蒸汽灭菌的操作主要有哪几个步骤？每一步骤应该注意哪些问题？

3.为什么干热灭菌比湿热灭菌所需要的温度高、时间长？

4.干热灭菌完毕后，在什么情况下才能开箱取物？为什么？

5.过滤除菌应注意哪些问题？

6.如果你需要配制一种含有某抗生素的牛肉膏蛋白胨培养基，其抗生素的终浓度为 60 μg/mL，你将如何操作？

实验十六　环境因子对微生物生长的影响

影响微生物生长的因素很多,除营养因素外,许多物理、化学和生物等外界环境因素都会影响微生物生长和生存。在一定范围内环境条件的变化可引起微生物形态、生理、生长、繁殖等特征的改变。当环境条件的变化超过一定极限时,则导致微生物的死亡。研究环境条件与微生物之间的相互关系,有助于了解微生物在自然界的分布与作用,也可指导人们在生活和生产中有效地利用和控制微生物的生命活动,使之更好地为人类服务。

一、实验目的

1. 了解氧、温度、pH、渗透压等环境因素对微生物生长影响。

2. 观察各因素对微生物生长抑制的强弱,掌握实验方法。

二、实验原理

1. 氧对微生物的影响　各种微生物对氧的要求不同,根据微生物与氧的关系,可将微生物划分为专性好氧菌(obligate or strict aerobes)、微好氧菌(microaerobes)、兼性厌氧菌(facultative anaerobes)、专性厌氧菌(obligate anaerobes)和耐氧厌氧菌(aerotolerant anaerobes)五大类。微生物不同的呼吸类型反映出微生物细胞内生物氧化酶系统的差别,因而导致了不同微生物对氧的需求存在差异。

2. 温度对微生物的影响　温度通过影响蛋白质、核酸等生物大分子的结构与功能以及细胞结构如细胞膜的流动性及完整性来影响微生物的生长、繁殖和新陈代谢。过高的环境温度会导致蛋白质或核酸的变性失活,而过低的温度会使酶活力受到抑制,细胞的新陈代谢活动减弱。某种特定的微生物只能在一定的温度范围内生长繁殖,在这个范围内每种微生物都有自己的生长温度三基点,即最低、最适、最高生长温度。处于最适生长温度时,生长速度最快,代时最短;低于最低生长温度时,微生物不生长,温度过低,甚至会死亡;高于最高生长温度时,微生物不生长,温度过高,也导致微生物死亡。根据微生物的最适生长温度的不同,可将微生物划为三个类型,即低温型微生物、中温型微生物、高温型微生物。一般低温微生物最高生长温度不超过 20℃,中温微生物的最高生长温度低于 45℃,而高温微生物能在 45℃以上的温度条件下正常生长,某些极端高温微生物甚至能在 100℃以上的温度条件下生长。

3. pH 对微生物的影响　pH 对微生物生命活动的影响是通过以下几方面实现的:一是使蛋白质、核酸等生物大分子所带电荷发生变化,从而影响其生物活性;二是引起细胞膜电荷变化,导致微生物细胞吸收营养物质能力改变;其三是改变环境中营养物质的可给性及有害物质的毒性。不同微生物对 pH 条件的要求各不相同,它们只能在一定的 pH 范围内生长,这个 pH 范围有宽、有窄,而其生长最适 pH 常限于一个较窄的 pH 范围,对 pH 条件的不同要求在一定程度上反映出微生物对环境的适应能力。

4. 渗透压对微生物的影响　在等渗溶液中,微生物正常生长繁殖;在高渗溶液(如高盐、高糖溶液)中,细胞失水收缩,而水分为微生物生理生化反应所必需,失水会抑制其生长繁殖;在低渗溶液中细胞吸水膨胀,细菌、放线菌、霉菌及酵母菌等大多数微生物具有较为坚韧的细胞壁,而且个体较小,受低渗透压的影响不大。

三、实验材料与用品

菌种:大肠杆菌(*Escherichia coli*)、枯草芽孢杆菌(*Bacillus subtilis*)、酿酒酵母(*Saccharomyces cerevisiae*),大肠杆菌在牛肉膏蛋白胨斜面 37℃培养 24 h,枯草芽孢杆菌在牛肉膏蛋白胨斜面 28℃培养 24 h,酿酒酵母在马铃薯斜面 28℃培养 24 h。

培养基:葡萄糖牛肉膏蛋白胨试管琼脂培养基、牛肉膏蛋白胨试管斜面培养基、牛肉膏蛋白胨液体培养基(分别调节初始 pH 为 3、5、7、9、11),马铃薯(葡萄糖)液体培养基(含不同浓度 NaCl:0%、2.5%、5.0%、10%、20%)。

器皿及材料:9 mL 生理盐水、5 mL 无菌吸管、1 mL 无菌吸管、酒精灯、玻璃刮铲、接种环、75%消毒酒精瓶、载玻片、镊子、紫外灯、无菌培养皿、无菌滤纸片等。

仪器与设备:恒温培养箱、722 型分光光度计。

四、实验内容与方法

(一)氧对微生物生长的影响

1. 取培养 18~20 h 的枯草芽孢杆菌和大肠杆菌斜面各 1 支,分别加入 4 mL 无菌生理盐水,刮洗下斜面菌苔制备成均匀的菌悬液。

2. 将装有葡萄糖牛肉膏蛋白胨琼脂培养基(含有 0.16%的溴百里酚蓝)的试管融化,保温在 45~50℃水浴锅中备用。

3.取7支试管,其中3支标记为大肠杆菌,3支标记为枯草芽孢杆菌,另1支为空白对照。以无菌操作分别迅速吸取0.1 mL大肠杆菌和枯草芽孢杆菌菌悬液加入相应试管中(3次重复),快速搓动试管使菌种均匀分布于培养基内。注意菌悬液加在培养基中部。

4.待加入菌悬液的培养基凝固后,大肠杆菌置于37℃培养箱中,培养24 h,枯草芽孢杆菌置于28℃培养箱中,培养24 h。观察记录各菌在深层培养基内的生长情况。

(二)温度对微生物生长的影响

1.在12支牛肉膏蛋白胨斜面试管中划直线接种大肠杆菌,然后分成4组做好标记,每组3支。

2.另在12支装有牛肉膏蛋白胨斜面试管中接种枯草芽孢杆菌,方法同上。

3.将接种后的试管按组别分别放入4℃、20℃、37℃及60℃条件下培养48 h,观察记录实验结果。

(三)pH对微生物生长的影响

1.以无菌操作吸取4 mL无菌生理盐水加入到培养好的大肠杆菌斜面上,刮洗下斜面菌苔制备成均匀的菌悬液。

2.以无菌操作分别吸取0.1 mL上述菌悬液,分别接种于装有5种不同pH(3、5、7、9、11)的牛肉膏蛋白胨液体培养基的试管中,每个处理设3次重复。注意吸取菌液时尽量保持均匀,以保证各管中接入的菌液浓度一致。

3.将接种大肠杆菌的试管37℃培养24 h。

4.将上述试管取出,目测培养物生长状况(浑浊程度),或利用分光光度计测定培养物的OD_{600}值。以“－”表示不生长(未浑浊),并以“＋”表示稍有生长(稍浑浊),“＋＋”表示生长好(浑浊),“＋＋＋”表示生长很好(很浑浊);也可以实际测得的OD值表示。记录实验结果。

(四)渗透压对微生物生长的影响

1.以无菌操作吸取4 mL无菌生理盐水加入到培养好的酿酒酵母斜面上,刮洗下斜面菌苔制备成均匀的菌悬液。

2.以无菌操作吸取0.1 mL酿酒酵母菌悬液,分别接种于含不同浓度NaCl(0%、2.5%、5.0%、10%、20%)的马铃薯(葡萄糖)液体培养基的试管中,每个处理设3次重复。

3.将接种后的试管于28℃培养24 h,目测培养物生长状况(浑浊程度),或利用分光光度计测定培养物的OD_{600}值。以“－”表示不生长,并以“＋”、“＋＋”、“＋＋＋”表示不同生长量;也可以实际测得的OD值表示。记录实验结果。

五、作业与思考题

1.记录氧对微生物生长影响的实验结果，并分析不同类型微生物在琼脂深层培养基中的生长位置为何不同?

2.记录温度对微生物生长影响的实验结果，并说明实验菌株属于哪种温度类型。

3.记录 pH 对微生物生长影响的实验结果，并说明实验菌株生长适宜的 pH 范围。

4.记录渗透压对微生物生长影响的实验结果，并说明实验菌株可耐受的渗透压范围。

5.根据本实验结果及你掌握的相关知识，阐述培养某一特定的微生物应注意哪些问题?

实验十七　化学药剂对微生物生长的影响

有许多化学物质具有抑制或杀死微生物的作用，通常将那些破坏微生物细胞结构或代谢机能而杀死微生物的化学药剂称为杀菌剂。不破坏细胞结构，只干扰新细胞物质合成和生长繁殖的化学药剂称为抑菌剂。在杀菌剂与抑菌剂之间并没有本质的区别，有时一种化学药剂在某一浓度下是杀菌剂，而在更低浓度下是抑菌剂。根据化学药剂的用途和作用模式，可将它们分为三类：即消毒剂、防腐剂和化学治疗剂。消毒剂是指那些抑制或杀死微生物，对人体也可能产生有害作用的化学药剂，主要用于抑制或杀死物体表面、器械、排泄物和周围环境中的微生物。防腐剂是指那些可以抑制微生物生长，但对人体或动物体毒性较小的化学药剂，可以用于机体表面，如皮肤、伤口等防止感染，也可以用于食品、饮料、药品的防腐作用。化学治疗剂是指能选择性抑制或杀死人或动物体内病原微生物并可以用于临床治疗的特殊化学药剂。

一、实验目的

1. 了解化学药剂杀菌或抑菌的作用机理。
2. 学习检测化学药剂对微生物生长影响的方法。

二、实验原理

一些化学药剂对微生物的生长有抑制或杀死作用，当这些化学药剂存在于微生物生长的环境中，它们会对微生物的生长产生抑制作用，甚至杀死微生物细胞。验证化学药剂杀菌或抑菌作用的方法很多，滤纸片法就是一种常用的、简便的方法。将一定浓度的化学药剂滴于滤纸片上，然后将其贴于涂有某种微生物的平板培养基上，滤纸片上的化学药剂就可以扩散进入培养基。如果该化学物质具有抑菌或杀菌作用，培养一定时间后，在滤纸片的周围就可以产生一个抑菌圈，抑菌圈的大小也反映出该化学药剂抑菌能力的大小。

三、实验材料与用品

菌种：大肠杆菌（*Escherichia coli*）、金黄色葡萄球菌（*Staphyloccocus aureus*）、枯草芽孢杆菌（*Bacillus subtilis*）。大肠杆菌在牛肉膏蛋白胨斜面37℃培养20～24 h，金黄色葡萄球菌和枯草芽孢杆菌在牛肉膏蛋白胨斜面28℃培养20～24 h。

培养基：牛肉膏蛋白胨琼脂培养基，100 mL分装于250 mL三角瓶。

试剂：1 mg/mL升汞、200 mg/mL链霉素、50 mg/mL石炭酸、200 mg/mL青霉素。

器皿及材料：无菌培养皿、9 mL无菌水、1 mL无菌吸管、尖头小镊子、直径0.6 cm的无菌圆形滤纸片、接种环、玻璃刮铲、酒精灯、火柴等。

仪器与设备：振荡器、恒温培养箱。

四、实验内容与方法

1.制平板　取3套无菌培养皿，将已熔化并冷却至50℃左右的牛肉膏蛋白胨琼脂培养基按无菌操作法倒入培养皿中，冷凝成平板后待用。

2.制备菌悬液　取3支无菌水试管，用接种环分别取大肠杆菌、金黄色葡萄球菌、枯草芽孢杆菌菌苔1～2环接入无菌水中，振荡，制成均匀的菌悬液，菌悬液浓度大约为10^6 cfu/mL。

3.涂布接种　用无菌吸管分别吸取已制好的菌悬液0.1 mL接种于平板上，用无菌玻璃刮铲涂匀，注意标记上菌种名称。

4.滤纸片浸药　将灭菌滤纸片分别浸入4种供试药剂中。

5.放置浸药滤纸片于培养基表面　用无菌镊子夹取浸药滤纸片，平铺于含菌平板上。每一个培养皿（不同供试微生物）放置4种供试药剂滤纸片，同时放置无药剂的滤纸片为对照。放置滤纸片时注意把药液沥干，药剂之间勿互相沾染。并在培养皿背面做好标记。

6.培养观察　大肠杆菌培养皿置于37℃下培养48～72 h后观察结果，金黄色葡萄球菌和枯草芽孢杆菌培养皿置于28℃下培养48～72 h后观察结果。

五、作业与思考题

1.培养结束后，取出培养皿，观察滤纸片周围有无抑菌圈，并测量抑菌圈的大小，将结果填入表17-1中。

表 17-1 化学药剂对细菌的抑制效果(抑菌圈直径 cm)

化学药剂＼微生物	大肠杆菌	金黄色葡萄球菌	枯草芽孢杆菌
CK			
升汞(1 mg/mL)			
链霉素(200 mg/mL)			
石炭酸(50 mg/mL)			
青霉素(200 mg/mL)			

2. 化学药剂对微生物所形成的抑菌圈未长菌部分是否说明微生物细胞已被杀死?

实验十八　大分子物质水解实验

微生物不能直接利用大分子的淀粉、蛋白质和脂肪，必须靠其产生的胞外酶将大分子物质分解为小分子，使其能被运输至细胞内，才能被微生物吸收利用。胞外酶主要为水解酶，如淀粉酶可将淀粉水解为小分子的寡糖、双糖和单糖；脂肪酶能够水解脂肪为甘油和脂肪酸；蛋白酶水解蛋白质为氨基酸等。

一、实验目的

1. 了解微生物水解各种不同大分子物质的原理，掌握实验操作方法。

2. 根据不同微生物对各种大分子物质的水解能力不同，证明不同微生物有着不同的水解酶系统。

二、实验原理

1. 淀粉水解实验　淀粉是葡萄糖的多聚物，是多种微生物的重要碳源和能源物质。某些微生物能产生淀粉酶(胞外酶)水解淀粉为麦芽糖和葡萄糖，淀粉水解后遇碘不再呈现蓝紫色。因此，在细菌水解淀粉的区域，用碘液检测时会产生透明圈，通过透明圈的有无及透明圈与菌落直径的比值，一般可鉴别微生物是否产生淀粉酶及产酶能力的大小。

2. 脂肪水解实验　在含有中性红的脂肪培养基中，如果微生物在培养过程中产生脂肪酶水解脂肪会产生脂肪酸，脂肪酸可使培养基的 pH 降低，中性红指示剂会使培养基从淡红色变为深红色，从而说明脂肪酶的存在。

3. 明胶液化实验　明胶是由胶原蛋白经水解产生的蛋白质，在 25℃以下可维持凝胶状态，在 25℃以上明胶就会液化。有些微生物可产生一种称作明胶酶的胞外酶，水解这种蛋白质，水解后其分子变小，即使温度低于 20℃，有时甚至在 4℃，亦不再凝固。

4. 石蕊牛奶鉴定　牛奶中主要含有乳糖和酪蛋白，有些微生物能水解牛奶中的酪蛋白，酪蛋白的微生物水解可用石蕊牛奶来检测。石蕊是一种酸碱指示剂和氧化还原指示剂，石蕊牛奶培养基由脱脂牛奶和石蕊组成，是浑浊的浅蓝色。酪蛋白被水解成氨基酸和肽后，培养基就会变得透明。石蕊牛奶也常被用来检测乳糖发酵，因为乳糖发酵产酸后，石蕊会转变为粉红色，过量的酸可进一步引起牛奶的凝固（凝乳形成）。如果在氨基酸的分解过程中引起碱性反应，石蕊将变为紫色。此外某些细菌生长旺盛，可使培养基的氧化还原电位降低，从而使石蕊退色。

三、实验材料与用品

菌种：大肠杆菌（*Escherichia coli*）、枯草芽孢杆菌（*Bacillus subtilis*）、普通变形杆菌（*Proteus vulgaris*）、金黄色葡萄球菌（*Staphyloccocus aureus*），大肠杆菌在细菌营养斜面 37℃培养 24 h，枯草芽孢杆菌、普通变形杆菌和金黄色葡萄球菌在细菌营养斜面 28℃培养 24 h。

培养基：固体油脂培养基、固体淀粉培养基、明胶培养基（试管）、石蕊牛奶培养基（试管）。

试剂：革兰氏染色用路戈氏碘液。

器皿及材料：无菌培养皿、无菌试管、接种环、酒精灯、75%消毒酒精瓶、接种针、记号笔、试管架、火柴等。

仪器与设备：恒温培养箱。

四、实验内容与方法

（一）淀粉水解实验

1. 将固体淀粉培养基融化后冷却至 50℃左右，无菌操作制成平板。

2. 在平板底部用记号笔将平板等分成 4 个区域。

3. 将枯草芽孢杆菌、大肠杆菌、金黄色葡萄球菌和变形杆菌分别划线接种在不同的区域，并做好对应标记，设 3 次重复。

4. 将平板倒置于 37℃温箱中培养 24 h，观察各种细菌的生长情况。打开平板盖子，滴入卢戈氏碘液于平板中，轻轻旋转平板，使碘液均匀铺满整个平板，观察有无透明圈及透明圈的大小。

如菌苔周围出现无色透明圈，说明淀粉已被水解，为阳性反应。透明圈的大小可初步判断该菌水解淀粉能力的强弱，即产生胞外淀粉酶活力的高低。

（二）油脂水解实验

1. 将融化的油脂培养基冷却至 50℃左右时，充分摇荡使油脂分布均匀。以无菌操作倒入无菌培养皿制成平板，凝固后备用。

2. 用记号笔将平板等分成 4 部分，分别标注供试菌名称。

3. 以无菌操作将上述 4 种供试菌分别划线接种于平板相对应区域的中心，设

3次重复。

4.倒置平板，于37℃温箱中培养24 h。

5.培养结束后取出平板，观察菌苔及其周围颜色，如出现红色斑点说明脂肪被水解，为阳性反应。

(三)明胶水解实验

1.取12支明胶培养基试管，3支1组分别用记号笔标明各试管欲接种的菌名。

2.用接种针分别穿刺接种枯草芽孢杆菌、大肠杆菌和金黄色葡萄球菌，另一组作对照。

3.将接种后的试管置于20℃培养2～5 d。

4.培养结束后取出放置冰箱中2 h，观察明胶液化情况。

(四)石蕊牛奶实验

1.取9支石蕊牛奶培养基试管，3支1组分别用记号笔标明各管欲接种的菌名。

2.分别接种普通变形杆菌和金黄色葡萄球菌，另一组作对照。

3.将接种后的试管置于35℃条件下培养24～48 h。

4.观察记录石蕊牛奶变化情况。

五、作业与思考题

1.将实验结果填入表18-1中。

表18-1 细菌水解大分子物质结果记录

菌名	枯草芽孢杆菌	大肠杆菌	金黄色葡萄球菌	普通变形杆菌
淀粉水解实验				
脂肪水解实验				
明胶液化实验				
石蕊牛奶实验				

注：阳性表示为“+”，阴性表示为“－”。

2.根据所掌握的知识，试设计实验检测某菌株是否产生纤维素酶。

3.怎样解释淀粉酶是胞外酶而非胞内酶？

4.在明胶液化实验中，接种后的明胶试管可以在35℃培养，培养后如何判断明胶是否被水解？

实验十九　糖发酵实验

细菌能否利用某种含碳化合物作为碳源，反映了该细菌是否产生代谢这种含碳化合物的相关酶类。糖发酵实验是测定细菌能否利用某种糖作为其碳源，是常用的微生物鉴别反应之一，在肠道细菌的鉴别上尤为重要。

一、实验目的

1. 了解糖发酵的原理和在肠道细菌鉴定中的重要作用。
2. 掌握通过糖发酵实验鉴别不同微生物的方法。

二、实验原理

不同的细菌对不同糖的利用能力和利用方式是各不相同的，有些细菌在分解利用某种糖时产酸产气，而另一些细菌可能只产酸不产气。例如大肠杆菌能分解乳糖和葡萄糖产酸并产气，原理为细菌分解葡萄糖为丙酮酸后，进一步分解成乙酰磷酸和甲酸，甲酸在甲酸解氢酶作用下分解为 CO_2 和 H_2；产气肠杆菌也能利用乳糖和葡萄糖产酸并产气，但产酸量少；伤寒杆菌分解葡萄糖产酸不产气，不能分解乳糖。在分解利用糖的过程中是否产酸，可以用酸碱指示剂显示出来，常用的指示剂有：溴麝香草酚蓝、溴甲酚紫等。是否产气可在液体培养试管中倒置杜氏小管（Durham，也称杜兰管，倒管）收集气体，根据杜氏小管中有无气泡来判断是否产气。

三、实验材料与用品

菌种：大肠杆菌（*Escherichia coli*）、产气肠杆菌（*Enterobacter aerogenes*）、普通变形杆菌（*Proteus vulgaris*）斜面菌种。

培养基：葡萄糖液体发酵培养基试管（装有杜氏小管，管口朝下）、乳糖液体发酵培养基试管（装有杜氏小管，管口朝下）。

器皿及材料：试管架、接种环、酒精灯、记号笔、75%消毒酒精瓶、接种环、无菌水、火柴等。

仪器与设备:恒温培养箱。

四、实验内容与方法

1. 分别取葡萄糖、乳糖液体发酵培养基试管各 12 支,分成 4 组,每组 3 个重复。分别标记上大肠杆菌、产气肠杆菌、普通变形菌和空白对照。

2. 以无菌操作分别接种少量菌苔至各相应试管中,每种糖发酵培养基的空白对照均不接菌。接种后轻缓摇动试管,使菌液混匀,并防止倒置的杜氏小管中进入气泡。

3. 置 37℃恒温箱中培养,分别在 24 h、48 h 和 72 h 观察结果。

4. 与对照试管比较,观察各试管颜色变化及杜氏小管中有无气泡产生。

与空白对照比较,若接种培养液保持原有颜色,其反应结果为阴性,表明该菌不能利用该种糖;如培养液呈黄色,反应结果为阳性,表明该菌能分解该种糖产酸;如果杜氏管内有气泡,表明该菌分解糖能产酸并产气。

五、作业与思考题

1. 将糖发酵实验结果填入表 19-1 中。

表 19-1 细菌糖发酵实验结果

培养基		大肠杆菌			产气肠杆菌			普通变形杆菌			对照		
		24 h	48 h	72 h	24 h	48 h	72 h	24 h	48 h	72 h	24 h	48 h	72 h
葡萄糖	产酸												
	产气												
乳糖	产酸												
	产气												

注:"+"表示产酸或产气,"−"表示不产酸或不产气。

2. 为什么糖发酵实验常用于肠道细菌的鉴别,而好氧的细菌一般不采用糖发酵实验作为鉴别方法?

实验二十　细菌鉴定中常用的生理生化反应

各种微生物在代谢类型上表现了很大的差异，由于细菌特有的单细胞原核生物的特性，这种差异就表现得更加明显。各种细菌所具有的酶系统不尽相同，对营养基质的分解能力也不一样，因而代谢产物或多或少地各有区别，可供鉴别细菌之用。用生理生化实验的方法检测细菌对各种基质的代谢作用及其代谢产物，从而鉴别细菌的种属，这种方法即使在分子生物学技术和手段不断发展的今天，在菌株的分类鉴定中仍有很大作用。本实验主要介绍甲基红实验、V-P 实验、吲哚实验等，大分子物质的水解实验、糖(醇)类发酵实验见实验十八和实验十九。

一、实验目的

1. 了解细菌鉴定中常用的生理生化实验反应原理。

2. 掌握测定细菌生理生化反应的方法。

二、实验原理

1. 甲基红实验(methyl red test)　甲基红实验与 V-P 实验是测定细菌代谢葡萄糖的变化。某些细菌如大肠杆菌，分解葡萄糖产生丙酮酸，丙酮酸进一步代谢产生甲酸、乙酸、乳酸、琥珀酸等，因而使培养基变酸，pH 降低到 4.2 以下，这时若加甲基红指示剂，培养液呈现红色(甲基红指示剂变色范围是 pH 4.4～6.2，在 pH 4.4 以下为红色，在 pH 6.2 以上呈黄色)。某些细菌如产气肠杆菌，分解葡萄糖产生丙酮酸，但很快将丙酮酸脱羧，转化成醇等，则培养基的 pH 仍在 6.2 以上，故此时加入甲基红指示剂，呈现黄色。

2. V-P 实验(Voges-Prokauer test)　也称乙酰甲基甲醇实验，某些细菌可利用葡萄糖产生丙酮酸，丙酮酸进行缩合，脱羧变成乙酰甲基甲醇，后者在碱性条件下能被空气中的氧气氧化成二乙酰。二乙酰与蛋白胨中的精氨酸的胍基作用，生成红色化合物。

3. 吲哚实验(indol test)　某些细菌含有色氨酸酶，如大肠杆菌，能分解蛋白质中的色氨酸产生吲哚，后者与对二甲基氨基苯甲醛结合，形成红色的玫瑰吲哚。

4. 柠檬酸盐利用实验(citrate test) 有些细菌能利用柠檬酸钠作为碳源，如产气肠杆菌，细菌在分解柠檬酸盐后，产生碱性化合物，使培养基 pH 升高，在有1%溴麝香草酚蓝指示剂的情况下，培养基由绿色变为深蓝色。不能利用柠檬酸盐为碳源的细菌，在该培养基上不生长，培养基不变色。

吲哚实验、甲基红实验、V-P 实验和柠檬酸盐利用实验这四个实验被简称为 IMViC 实验，主要用于快速鉴别大肠杆菌和产气肠杆菌。大肠杆菌吲哚实验和甲基红实验阳性，V-P 实验和柠檬酸盐实验阴性。产气肠杆菌吲哚实验和甲基红实验阴性，V-P 实验和柠檬酸盐实验阳性。

5. 硫化氢实验 某些细菌能分解含硫氨基酸，如胱氨酸、半胱氨酸等产生硫化氢，硫化氢如遇培养基中的铅盐或铁盐可形成黑色硫化铅或硫化铁沉淀。

6. 苯丙氨酸脱氨酶实验 某些细菌，如变形杆菌，可产生苯丙氨酸脱氨酶，使苯丙氨酸脱氨生成苯丙酮酸，苯丙酮酸与三氯化铁螯合形成绿色化合物。

7. 脲酶实验 具有脲酶的细菌能分解尿素产氨，使培养基呈碱性，可使酚红指示剂变为红色。

三、实验材料与用品

菌种：大肠杆菌(*Escherichia coli*)、产气肠杆菌(*Enterobacter aerogenes*)、普通变形杆菌(*Proteus vulgaris*)，牛肉膏蛋白胨斜面 37℃培养 20～24 h。

培养基：葡萄糖蛋白胨液体试管培养基、胰蛋白胨液体试管培养基、柠檬酸盐试管斜面培养基、产硫化氢固体穿刺培养基、测定苯丙氨酸脱氨酶试管斜面培养基、测定脲酶试管斜面培养基。

试剂：甲基红试剂、40% NaOH、0.3%肌酸溶液、对二甲基氨基苯甲醛试剂、10% $FeCl_3$ 溶液、乙醚。

器皿及材料：试管、滴管、75%消毒酒精瓶、接种环、酒精灯、火柴等。

仪器与设备：恒温培养箱。

四、实验内容与方法

1. 甲基红实验 将大肠杆菌和产气肠杆菌分别接种于葡萄糖蛋白胨液体培养基中，每个菌株 3 个重复并设空白对照。37℃培养 48 h。加甲基红指示剂数滴，观察结果，呈现红色者为阳性，呈现黄色者为阴性。

2. V-P 实验 将大肠杆菌和产气肠杆菌接种到葡萄糖蛋白胨液体培养基中，每个菌株 3 个重复并设空白对照。37℃培养 48 h。取 1 mL 培养液，加入 1 mL 40% NaOH 混合，再加入数滴 3%肌酸溶液，然后用力振荡 5～10 min，若呈现红色，为 V-P 实验阳性。

3.吲哚实验　将大肠杆菌和产气肠杆菌接种到胰蛋白胨液体培养基中，每个菌株 3 个重复并设空白对照。37℃培养 48 h 后。沿试管壁缓缓加入对二甲基氨基苯甲醛试剂于培养液表面，在液层界面发生红色反应者，为阳性反应。如果颜色不明显，可滴加 4～5 滴乙醚于培养液，摇动混匀，使乙醚分散于液体中。静置片刻，待乙醚浮至液面后，再加对二甲基氨基苯甲醛试剂，如培养液中有吲哚，吲哚可被提取在乙醚层中，浓缩的吲哚和试剂反应，则颜色更为明显。

4.柠檬酸盐利用实验　将大肠杆菌和产气肠杆菌接种到柠檬酸盐培养基上，每个菌株 3 个重复并设空白对照。37℃培养 48 h 后，观察结果。培养基变深蓝色者为阳性。阴性结果需要观察 7 d。

5.硫化氢实验　将大肠杆菌和普通变形杆菌以接种针穿刺接种到产硫化氢固体穿刺培养基中，每个菌株 3 个重复并设空白对照。30℃培养 48 h，观察结果，若有黑色出现者为阳性。阴性结果需要观察 7 d。

此法适用于肠杆菌科细菌的鉴定，并可同时测定明胶液化。

6.苯丙氨酸脱氨酶实验　将大肠杆菌和普通变形杆菌分别接种于测定苯丙氨酸脱氨酶试管斜面培养基上，每个菌株 3 个重复并设空白对照。37℃培养 8～24 h，滴加 10% $FeCl_3$ 试剂 3～4 滴于斜面上，当在斜面上和冷凝水中出现绿色为阳性反应。应立即观察结果，延长反应时间会引起退色。

7.脲酶实验　将大肠杆菌和变形杆菌分别接种于测定脲酶试管斜面培养基，每个菌株 3 个重复并设空白对照。37℃培养 12～24 h。培养基变红为阳性反应。阴性结果需要观察 4 d。

五、作业与思考题

1.将各实验结果填入表 20-1 中。

表 20-1　常用细菌鉴定生理生化反应结果记录

菌　名	大肠杆菌	产气肠杆菌	普通变形杆菌	
甲基红实验				
V-P 实验				
吲哚实验				
柠檬酸盐利用实验				

续表 20-1

菌　名	大肠杆菌	产气肠杆菌	普通变形杆菌	
硫化氢实验				
苯丙氨酸脱氨酶实验				
脲酶实验				

注：阳性表示为“+”，阴性表示为“-”。

2.现有 2 支斜面菌种，已知它们为大肠杆菌和产气肠杆菌，由于未做标记，不能区分，试分析可采用哪些生理生化反应进行鉴定？

实验二十一　细菌生长曲线的测定

一定量的纯种微生物，接种在适合的新鲜液体培养基中，在适宜的温度下培养。定时测定培养液中的微生物的数量，以菌数的对数作纵坐标，生长时间作横坐标，绘制出的曲线叫生长曲线。一般依据其生长速率的不同可将之分为延迟期、对数期、稳定期和衰亡期四个时期，各时期的长短依微生物的种类和培养条件的不同而不同。生长曲线是微生物在一定环境条件下于液体培养时所表现出的群体生长规律。不同的微生物有不同的生长曲线，同一种微生物在不同的培养条件下，其生长曲线也不一样。因此，测定微生物的生长曲线在了解和掌握微生物的生长规律乃至科学实验研究及生产实践等方面，都具有实际意义。

测定微生物生长的方法有很多，包括血细胞计数法、比浊法、称量法和平板菌落计数法等。比浊法是一种操作简便，精确度高，可及时获得测定结果的微生物生长测定方法，所以本实验采用比浊法测定细菌的生长曲线。

一、实验目的

1. 了解细菌生长曲线的特点及测定原理。
2. 学习用比浊法测定大肠杆菌的生长曲线。

二、实验原理

比浊法是根据培养液中菌细胞数与浑浊度成正比、与透光度成反比的关系，利用分光光度计测定菌细胞悬液的光密度值（Optical Density，OD 值），以 OD 值来代表培养液中的浊度即微生物量，然后以培养时间为横坐标，以菌悬液的 OD 值为纵坐标绘出生长曲线。

微生物 OD 值是反映菌体生长状态的一个指标，表示被检测物吸收掉的光密度。通常 400～700 nm 都是可用于微生物测定的范围，一般情况下，采用 600～660 nm 波长测定细菌的光密度值。此方法所需设备简单，操作简便、迅速。

三、实验材料与用品

菌种：大肠杆菌(*Escherichia coli*)斜面，37℃培养 18～20 h。

培养基：牛肉膏蛋白胨液体培养基，250 mL 三角瓶分装 100 mL。18 mm×180 mm 试管分装 5 mL。

器皿及材料：18 mm×180 mm 的灭菌试管、5 mL 灭菌吸管，擦镜纸、吸水纸、酒精灯、火柴等。

仪器与设备：分光光度计、恒温摇床、冰箱。

四、实验内容与方法

1. 种子液的培养　将大肠杆菌接入试管液体培养基，37℃培养 18～24 h。

2. 接种　将 5 mL 37℃培养 18～24 h 的大肠杆菌菌液接入 100 mL 三角瓶液体培养基中，混合均匀后取 3～5 mL 此液体于 18 mm×180 mm 的灭菌试管中，用记号笔标明培养时间为 0 h，置于 4℃冰箱保存。

3. 培养　将接种后的培养液置于摇床上，37℃振荡培养(转速 250 r/min)。分别于 0.5、1、2、3、4、5、6、7、8、9、10、12、14、16、18、20 h 取样 3～5 mL 培养液于 18 mm×180 mm 的灭菌试管中，用记号笔标明培养时间，置于 4℃冰箱保存。

4. OD 值的测定　选用 1 cm 的比色皿，在 600 nm 下测定各处理的 OD 值，并记录。

测定时以未接种的无菌培养液作对照校正分光光度计的零点，调节透光率为 100%，连续调整数次，待稳定后再开始测定。从最稀浓度的菌悬液开始依次进行测定，对浓度大的菌悬液用未接种的牛肉膏蛋白胨液体培养基适当稀释后测定，使其光密度值在 0.1～1.0。记录 OD 值时，注意乘上所稀释的倍数。注意比色杯要一致，比浊前，培养液要摇匀。

五、作业与思考题

1. 将实验结果记录于表 21-1 中。

表 21-1　大肠杆菌生长曲线的测定

时间(h)	0	0.5	1	2	3	4	5	6	7	8
OD_{600} 值										
时间(h)	9	10	12	14	16	18	20	22	24	
OD_{600} 值										

2. 以 OD_{600} 值为纵坐标，培养时间为横坐标，绘出大肠杆菌的生长曲线，并标示生长曲线的 4 个时期。

3. 为什么微生物代时的测定要选择在对数生长期？

4. 微生物次级代谢产物的积累主要在稳定期，为了提高次级代谢产物的产量，延长稳定期是必要的，请探讨可采用哪些方法延长微生物生长的稳定期？

实验二十二　微生物的厌氧培养技术

厌氧微生物是指那些缺乏呼吸系统，不能利用氧为末端电子受体的微生物。它们可以区分为两类：耐氧厌氧微生物和严格厌氧微生物。前者是指那些不需要氧，但可以耐受氧的微生物，后者则指那些对氧敏感，在有氧时即被杀死的微生物。厌氧微生物对氧敏感的原因是其缺乏或部分缺乏超氧化物歧化酶、过氧化氢酶和过氧化物酶，在有氧条件下会因超氧阴离子自由基的毒害作用而致死。人工培养厌氧菌时，可利用物理、化学或生物的方法除去培养基和培养环境中的氧气，或将氧还原，降低其氧化还原电势，以利于厌氧微生物的生长、繁殖。目前已建立的厌氧微生物培养技术很多，有些需要昂贵的仪器设备如厌氧手套箱，主要用于严格厌氧微生物的分离、培养。而对于某些对厌氧要求相对较低的厌氧微生物，也可以采用滚管法、厌氧罐法、焦性没食子酸法等，这些方法不需昂贵的仪器设备，是一般微生物实验室都能建立的厌氧菌培养方法。

一、实验目的

1. 了解培养基和培养环境的除氧方法。

2. 学习培养厌氧微生物的方法，了解厌氧微生物的生长特性。

二、实验原理

1. 滚管法　滚管技术是比较成熟的培养厌氧菌的方法，该方法首先由 Hungate 提出，因此也称为亨氏滚管法。该技术培养厌氧菌的方式是在一个加塞的试管（亨氏管）中完成的，试管及与其配套的胶塞耐高温高压，而且韧性好，可以重复使用且针刺密封性好，品质优于普通试管和胶塞。该方法的主要过程是先将琼脂培养基灌装入试管，塞上胶塞后用真空泵抽真空并冲入 CO_2；将盛有融化的无菌培养基试管置于 50℃左右的恒温水浴中，用无菌注射器接种，而后将试管平放于盛有冰块的盘中或特制的滚管机上迅速滚动，这样带菌的融化培养基在试管内壁立即凝固成一薄层。置于恒温培养箱中培养一段时间后，即可在试管的琼脂层内或表面长出肉眼可见的菌落。

2. 焦性没食子酸法　焦性没食子酸加碱性溶液能迅速且大量地吸收氧，生成深棕色的焦性没食子橙，是有效的化学除氧方法，它能在任何密闭容器内迅速造成厌氧环境。每克焦性没食子酸，在碱过量时可吸收 100 mL 空气中的氧气，但此法不适用于培养需要 CO_2 的微生物。根据焦性没食子酸加碱性溶液能迅速且大量地吸收氧这一原理，人们设计了各种厌氧微生物的培养方法，如套管法、培养皿法、真空干燥器法等，本实验中，我们介绍培养皿法和真空干燥器法。

3. 厌氧罐法　厌氧罐是采用透明的聚碳酸酯硬质塑料制成的一种小型罐状密封容器（图 22-1），利用钯作催化剂，催化罐内氧与氢作用生成水而达到除氧的目的。厌氧罐内的 H_2 和 CO_2 可以采用外源气瓶的方法提供，但更为普遍的方法是利用各种化学反应产生 H_2 和 CO_2 的内源法。如利用镁与氯化锌的遇水反应产生 H_2，碳酸氢钠加柠檬酸水后产生 CO_2。另外，在罐内还可以放置上氧化还原的指示剂，如常用的美蓝指示剂，它在氧化态呈蓝色，还原态呈无色。目前产生 H_2 和 CO_2 的试剂袋和氧化还原的指示剂都有商品化的产品，使用上十分方便。

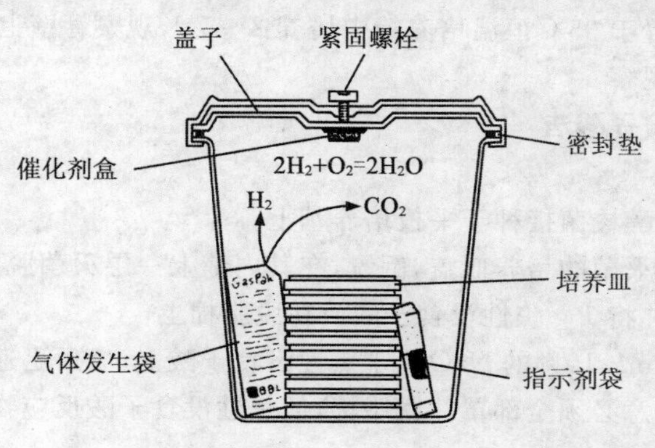

图 22-1　厌氧培养罐

三、实验材料与用品

菌种：丙酮丁醇梭菌（*Clostridium acetobutylicum*）、产气荚膜梭菌（*Clostridium perfringens*）。

培养基：强化梭菌培养基（RCM 培养基）、玉米醪培养基。

试剂：焦性没食子酸、10% NaOH 溶液、钯催化剂、气体产生试剂袋、指示剂试剂袋。

器皿及材料：亨氏管（18 mm×180 mm，配橡胶塞）、医用针头、1 mL 灭菌注射器、灭菌培养皿、灭菌脱脂棉、凡士林、干燥器(带抽气活塞)、结晶紫染液、载玻片、接种环、酒精灯、75%消毒酒精瓶、火柴等。

仪器与设备:水循环真空泵、CO_2 钢瓶、滚管机、厌氧罐、恒温培养箱。

四、实验内容与方法

(一)滚管法

1.培养基准备　将强化梭菌琼脂培养基趁热分装于亨氏管,管口塞上胶塞。在管口胶塞上插上1枚医用针头,用真空泵抽气,然后冲入 CO_2,重复3次,以彻底排尽管内空气。拔下针头,121℃灭菌20~30 min后备用。

2.接种和滚管　融化亨氏管内的培养基并置于50℃左右的恒温水浴中。用1 mL无菌注射器吸取待接种的丙酮丁醇梭菌约0.1 mL,经胶塞刺入亨氏管中,将菌液注射进亨氏管。拔下注射器和针头,迅速将试管平放于盛有冰块的盘中或特制的滚管机上迅速滚动,带菌的融化培养基在试管内壁凝固成一薄层。

3.将亨氏管置于35℃恒温培养箱中培养2~7 d,观察管壁上形成的菌落。

4.取菌制片观察。

(二)焦性没食子酸法

1.培养皿法

(1)将丙酮丁醇梭菌接种于平板培养基上。

(2)另取一个灭菌的培养皿盖,倒置,在其内铺上一层灭菌脱脂棉(培养皿周边留有一定空余),并将1 g焦性没食子酸放在脱脂棉上。

(3)滴加约2 mL 10%的NaOH于焦性没食子酸上,然后迅速将已接种的培养皿覆盖在其上,注意必须全部罩住脱脂棉,但焦性没食子酸反应物不能与培养基表面接触。

(4)用凡士林密封周边空隙后,置于35℃恒温培养箱中培养2~7 d,观察平皿中形成的菌落。

2.真空干燥器法

(1)将装有玉米醪培养基的大试管放在水浴中煮沸10 min,以赶出其中溶解的氧气,迅速冷却后(切勿摇动)接种丙酮丁醇梭菌。

(2)在带活塞的干燥器内底部,预先放入焦性没食子酸20 g和斜放盛有200 mL 10%NaOH溶液的烧杯。将接种有厌氧菌的培养管放入干燥器内。在干燥器口上涂抹凡士林,密封后接通真空泵,抽气3~5 min,关闭活塞。

(3)将活塞连接上 CO_2 气瓶,充入 CO_2。轻轻摇动干燥器,促使烧杯中的NaOH溶液倒入焦性没食子酸中,两种物质混合发生吸氧反应,使干燥器中形成无氧小环境。

(4)将干燥器置于35℃恒温箱中培养2～7 d,定期观察。

该方法也可以用于平板培养。

(三)厌氧罐法

(1)接种丙酮丁醇梭菌于平板培养基上,然后置于厌氧罐内。

(2)将已活化的催化剂装入罐盖下的多孔小盒内,旋紧。

(3)剪开气体发生袋一角,按说明书要求加入一定量的水,置于罐内,同时剪开指示剂袋,使指示剂暴露,放于罐内。

(4)迅速盖好厌氧罐罐盖,旋紧固定夹,密封罐体。

(5)将厌氧罐置于35℃恒温箱中培养2～7 d,定期观察。

五、作业与思考题

1. 记录厌氧菌的分离培养结果,如果实验失败,请分析原因。

2. 为什么氧气对专性厌氧菌具有毒害作用?

3. 除实验中提及的厌氧菌培养方法,你还知道哪些厌氧菌的培养方法?它们的原理是什么?比较它们的优缺点。

实验二十三　土壤微生物的分离、纯化与活菌计数

在自然界，土壤是微生物生活最适宜的环境，土壤提供了微生物生长繁殖所需的各种营养物质和生命活动的条件。土壤有"微生物天然培养基"之称，这里的微生物数量最大，类型最多，是微生物的"大本营"，也是人类最丰富的"菌种资源库"。所以，学习从土壤中分离微生物，对于微生物的研究工作非常重要。

一、实验目的

1. 了解活菌计数的原理。

2. 掌握从土壤中分离微生物和计数的方法。

二、实验原理

微生物的稀释平板计数（活菌计数）是根据在固体培养基上所形成的一个菌落，即是由一个单细胞繁殖而成，且肉眼可见的子细胞群体这一生理及培养特征进行的。也就是说一个菌落即代表一个单细胞。计数时，首先将待测样品制成一系列连续的 10 倍稀释液，并尽量使样品中的微生物细胞分散开，成单个细胞存在（否则一个菌落就不是代表一个菌），再取一定稀释度、一定量的稀释液接种到平板中，使其均匀地分布于平板中的培养基内。经培养后，单个细胞生长繁殖形成肉眼可见的菌落，统计菌落数目，即可计算出样品中的含菌数。

此法所计的菌数是能够在培养基上生长出来的菌数，故又称活菌计数，一般用于某些成品检定（如杀虫菌剂等）、生物制品检定、土壤含菌量测定及食品、水源污染程度的检定。

三、实验材料与用品

土壤样品：新鲜菜园土，20 目样品筛（孔径约 1 mm）过筛后备用，测定含水量。

培养基：牛肉膏蛋白胨琼脂培养基、马铃薯琼脂培养基、高氏合成一号琼脂培养基。

器皿及材料：250 mL 三角瓶分装 90 mL 无菌水（加适量玻璃珠）、9 mL 无菌

水试管、1 mL 无菌吸管、无菌培养皿、玻璃刮铲、10%重铬酸钾溶液、20 mg/mL 链霉素溶液、酒精灯、75%消毒酒精瓶、记号笔、火柴等。

仪器与设备：天平(精度 0.1 g)、振荡摇床。

四、实验内容与方法

1. 样品稀释液的制备　准确称取待测样品 10 g，放入装有 90 mL 无菌水的三角瓶中，用手或置摇床上振荡 20～30 min，使微生物细胞充分分散，静置 20～30 s，即成 10^{-1}稀释液；再用 1 mL 无菌吸管，吸取 10^{-1}稀释液 1 mL 移入装有 9 mL 无菌水的试管中，吹吸 3 次，让菌液混合均匀，即成 10^{-2}稀释液；换一支无菌吸管吸取 10^{-2}稀释液 1 mL 移入装有 9 mL 无菌水试管中，即成 10^{-3}稀释液。依此类推，一定要每次更换吸管，连续稀释，制成 10^{-4}、10^{-5}、10^{-6}、10^{-7}、10^{-8}等一系列稀释度的土壤稀释液，供平板接种使用，见图 23-1。

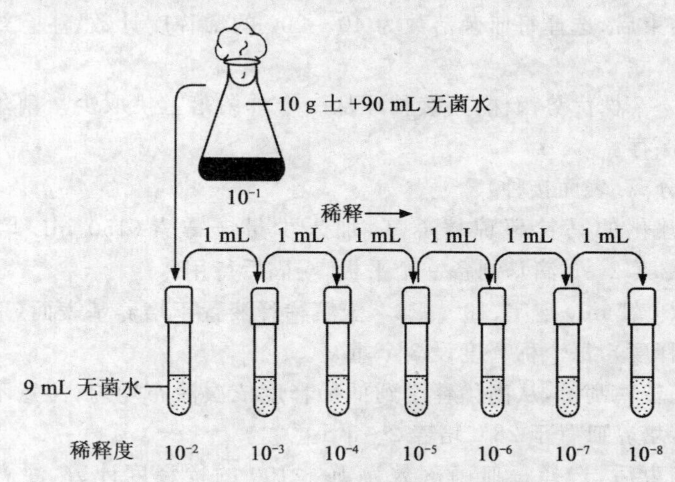

图 23-1　土壤样品连续稀释示意图

2. 细菌的分离(基内接种)

(1)取 9 个无菌培养皿，分别取 1 mL 10^{-7}、10^{-6}、10^{-5}土壤稀释液置于培养皿中(取样时从高稀释度到低稀释度，即从 10^{-7}到 10^{-5}，这样可以不必每次换吸管)，每个稀释度设 3 个重复。

(2)将已融化并冷却至 50℃左右的牛肉膏蛋白胨琼脂培养基倾入上述培养皿，每皿约 15 mL，迅速混匀，凝固后翻转培养皿置于 37℃培养 2～3 d。

这样的接种方法称为基内接种。

(3)培养结束后，选择每皿菌落数为40～200的稀释度计数，注意辨别细菌菌落。

(4)选择1～2株优势菌株，用接种环从一个单菌落上挑取少量菌苔转移至斜面试管保存。

3.放线菌的分离(表面接种)

(1)取已融化的高氏合成一号培养基，加入少量重铬酸钾(150 mL培养基滴加10%重铬酸钾2～3滴)，制备9个平板，凝固后待用。

(2)分别取0.1 mL 10^{-5}、10^{-4}、10^{-3}土壤稀释液置于培养基表面(取样时从高稀释度到低稀释度)，每个稀释度设3个重复。

(3)用无菌玻璃刮铲，从高稀释度到低稀释度依次涂布均匀，注意不要刮破培养基表面，翻转培养皿置于28℃培养5～7 d。

这样的接种方法称为表面接种。

(4)培养结束后，选择每皿菌落数为40～200的稀释度计数，注意辨别放线菌菌落。

(5)选择1～2株优势菌株，用接种环从一个单菌落上挑取少量菌丝或孢子转移至斜面试管保存。

4.真菌的分离(表面接种)

(1)取已融化的马铃薯琼培养基，加入少量链霉素(150 mL培养基滴加20 mg/mL链霉素2～3滴)，制备9个平板，凝固后待用。

(2)分别取0.1 mL 10^{-5}、10^{-4}、10^{-3}土壤稀释液置于培养基表面(取样时从高稀释度到低稀释度)，每个稀释度设3个重复。

(3)用无菌玻璃刮铲，从高稀释度到低稀释度依次涂布均匀，注意不要刮破培养基表面，翻转培养皿置于28℃培养2～3 d。

(4)培养结束后，选择每皿菌落数为10～100的稀释度计数，注意辨别真菌菌落。

(5)选择1～2株优势菌株，用接种钩从一个单菌落上挑取少量菌丝(最好是从菌落边缘)或孢子转移至斜面试管保存。

在分离土壤微生物时，选择土壤稀释液的稀释度对分离结果的影响很大，本实验中采用的稀释度只是一个经验数值。在实际的工作中，采用的稀释度需根据样品的情况确定。如果是一个肥沃的土壤，样品中的微生物数量多，稀释度则相应高，反之则低。在大多数的情况下，土壤中细菌最多，因此分离细菌时采用的稀释度也高于分离放线菌与真菌的稀释度。

5.土壤微生物的计数　采用上述方法分离土壤微生物的同时可对土壤微生物

进行活菌计数，计数时首先选择菌落数适宜稀释度，如细菌与放线菌选择每皿菌落数为40～200的稀释度，真菌选择每皿菌落数为10～100的稀释度。计算公式如下：

$$每克干土壤样品含菌数(cfu/g)=\frac{菌落平均数\times稀释倍数}{接种量(mL)\times(1-样品含水量)}$$

式中：菌落平均数为同一稀释度3个重复的平均数；接种量为1.0 mL或0.1 mL；样品含水量为实验前测定或由教师提供。

6. 微生物菌种的纯化　从自然界直接分离到的微生物，不一定是一个纯菌株，往往需经数次纯化才能得到纯菌株。微生物的纯化方法很多，不同的微生物也需采用不同的纯化方法。对于细菌等单细胞微生物，常用的纯化方法有稀释平板法和划线法。稀释平板法的原理与从土壤中分离微生物的原理基本一致，即对一个菌种样品进行连续的倍比稀释，然后选择适宜的稀释度涂平板分离单菌落，连续进行数次，直至获得纯菌株。划线分离纯化法的原理是将菌种在平板表面由点到线进行稀释。划线的方法很多，但无论用哪种方法，目的都是通过划线将样品在平板上进行稀释，使最终形成单个菌落。相对于稀释平板法，划线分离法比较简单，下面介绍一种常用的划线分离法。

(1)取一平板培养基，在近火焰处，一手打开培养皿，另一手拿接种环，挑取少量菌苔在培养基表面1区表面划2～3道线(图23-2，图23-3)。

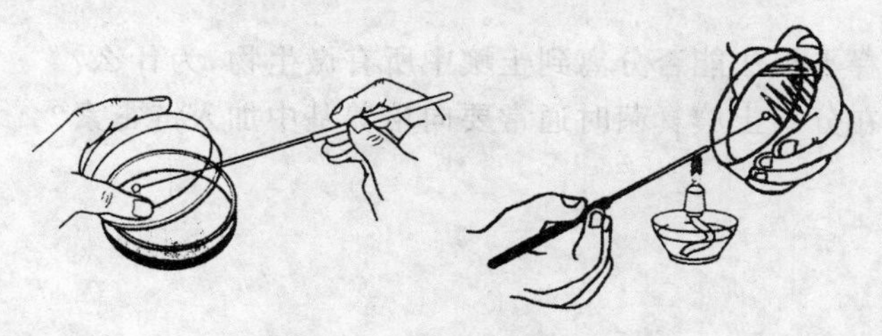

图23-2　平板划线操作示意图

图23-3　各种划线分离示意图

(2)将培养皿旋转约 90°,在酒精灯火焰上烧去残留的菌苔,然后在培养基 2 区划 2～3 道线。同样方法在培养基 3 区划 2～3 道线。

(3)最后在培养基表面的剩余部分全部划上线。划线完毕后,盖上皿盖,倒置平皿培养。

(4)待长出单菌落后,检查是否为纯菌株(根据菌落形态,结合涂片染色镜检的结果判定),若有其他杂菌混杂,需再一次进行分离、纯化,直到获得纯菌株。

对于丝状真菌,可采用连续挑取菌丝尖端的方法,如果是产孢子的丝状真菌,也可采用稀释平板的方法。另外也可采用专门的仪器,如单孢分离器等。

五、作业与思考题

1. 记录实验结果,将实验结果填入表 23-1 中。

表 23-1 土壤微生物活菌计数结果

微生物类群	稀释度	菌落数(个)				菌数(cfu/g 干土)
		1	2	3	平均	
细菌						
放线菌						
真菌						

2. 采用稀释平板法能否分离到土壤中所有微生物,为什么?

3. 为什么在分离土壤真菌时通常要向培养基中加入链霉素?

实验二十四　微生物菌种的保藏

菌种是一种重要的生物资源，微生物研究工作离不开菌种，微生物菌种的保藏，不仅仅只是保存菌种的生活力，而且要求在保藏过程中微生物不发生变异，不被污染，菌种保藏是微生物学研究中最重要、最基本的工作。

一、实验目的

1. 掌握微生物菌种保藏的原理。

2. 学习常用的微生物菌种保藏方法。

3. 了解各种菌种保藏方法的优缺点和适用范围。

二、基本原理

菌种保藏就是利用一切条件使菌种不死、不衰、不变，以便于研究与应用。菌种保藏的方法很多，原理大同小异，不外乎为优良菌株创造一个适合长期休眠的环境，即干燥、低温、缺乏氧气和养料等。挑选优良纯种，最好是它们的休眠体，使微生物生活在代谢不活泼，生长受抑制的环境中，从而达到保藏的目的。常用的微生物菌种保藏的方法有斜面传代保藏法、穿刺保藏法、液体石蜡保藏法、沙土管保藏法、甘油管保藏法、冷冻干燥保藏法、液氮超低温冷冻保藏等方法。

三、实验材料与用品

菌种：细菌、放线菌、酵母菌和霉菌斜面菌种，可根据具体需保藏的微生物菌种而定。

培养基：牛肉膏蛋白胨斜面培养基、高氏合成一号斜面培养基、麦芽汁斜面培养基、马铃薯斜面培养基。

器皿及材料：无菌水、液体石蜡、脱脂奶粉、甘油、10% HCl、干冰、95%乙醇、河沙、贫瘠土壤（有机物含量少）、无菌试管、无菌吸管（1 mL 及 5 mL）、无菌滴管、接种环、40 目及 100 目样品筛、干燥器、酒精喷灯、三角瓶（250 mL）、0.5 cm×1.0 cm 滤纸条、安瓿管或 10 cm×60 mm 指形管、打孔器、酒精灯、75%消毒酒精瓶、火柴等。

仪器与设备：冰箱、冷冻真空干燥装置、液氮罐。

四、实验内容与方法

(一)斜面传代保藏法

该方法是最常用的微生物菌种保藏方法，将微生物接种于斜面培养基，经一段时间培养后，斜面置于4℃冰箱保藏。

1. 贴标签　取各种斜面培养基，在距试管口2～3 cm处贴上标签，标签上注明菌种名称和接种日期等(保藏的微生物菌种都需要注明菌种名称、保藏日期等，以后不再说明)。

2. 接种　将待保藏的菌种用接种环以无菌操作方法接种于相应的试管斜面上。

3. 培养　根据各种微生物的生长温度要求置于相应的温度培养，细菌和酵母菌的营养细胞，培养至有丰厚的菌苔即可。放线菌、丝状真菌等产生孢子的微生物宜培养至产生成熟的孢子。

4. 保藏　斜面长好后，可直接放入4℃冰箱保藏。为防止棉塞受潮长杂菌，管口棉花最好用防潮纸(可用牛皮纸代替)包扎，或换上无菌胶塞。

该方法保藏时间依微生物种类而不同，霉菌、放线菌及产芽孢的细菌可保存2～6个月，而不产芽孢的细菌最好每月移种一次。

该方法的优点是简单易行，适合于大多数微生物的保藏。缺点是不适合于菌种的长期保藏，传代多了，菌种易变异，污染杂菌的机会增加。

(二)穿刺保藏法

该方法是采用半固体培养基，将微生物菌种穿刺接种，经一段时间培养后，置于4℃冰箱保藏。

1. 制备半固体培养基(试管)。

2. 接种　用接种针挑取菌苔，在半固体培养基顶部的中央直线穿刺接种。

3. 培养　根据各种微生物的生长温度要求置于相应的温度培养，至肉眼可明显看出沿穿刺线有微生物生长。将培养好的试管取出，石蜡融封管口或换上橡皮塞，于4℃冰箱保存。

此法适用于保藏兼性厌氧细菌或酵母菌，保藏期0.5～1年。

(三)液体石蜡保藏法

1. 液体石蜡灭菌　在250 mL三角瓶中装入100 mL液体石蜡，塞上棉塞，并用牛皮纸包扎，121℃湿热灭菌30 min。室温或37℃放置1 d后，再次121℃湿热灭菌 30 min,以确保液体石蜡灭菌完全。然后将液体石蜡置于 60～80℃烘箱中保持 24～48 h,或 40℃下放置 14 d,以除去石蜡中的水分,备用。

2.接种培养 同斜面传代保藏法。

3.加液体石蜡 用无菌滴管吸取液体石蜡以无菌操作方法加到已长好的菌种斜面上,加入量以高出斜面顶端约 1 cm 为宜。

4.保藏 棉塞外包牛皮纸,为防止棉塞受潮长杂菌,最好换上无菌胶塞。将试管直立放置于 4℃冰箱内保存。

利用这种保藏方法,霉菌、放线菌、产芽孢细菌可保藏 2～5 年,一般无芽孢细菌也可保藏 1 年左右。

5.恢复培养 用接种环从液体石蜡下挑取少量菌苔,轻轻接触试管壁,尽量使石蜡油滴净,再接种于新鲜斜面培养基。由于斜面表面粘有液体石蜡,微生物生长较为缓慢,故一般须转接 2～3 次才能获得良好菌种。

该方法也是一种简单易行的微生物菌种保藏方法,适合于大多数微生物菌种的保藏。

(四)甘油管法

1.配制 40%甘油。

2.将 40%甘油分装甘油管(甘油管一般是带有螺旋帽,容积约为 3 mL 的硬质玻璃小管),装量 1 mL/瓶。121℃灭菌 30 min 后。随机抽样培养进行无菌实验,确认无菌后才可使用。

3.将要保藏的菌种培养成新鲜的斜面(也可用液体培养基振荡培养成菌悬液)。

4.在培养好的菌种斜面中注入适量(5～10 mL)无菌水,刮下斜面菌苔并振荡,使细菌充分分散成均匀的悬浮液,要求细胞浓度为 10^8～10^{10}个/mL。

5.吸取 1 mL 菌悬液于上述装好甘油的无菌甘油管中,充分混匀后,使甘油终浓度为 20%,旋紧瓶盖,然后置－20℃冰箱保存。

此法常用于保存含质粒载体的大肠杆菌,大多数的微生物营养体细胞也可采用该法保存,保存时间可长达数年。

(五)沙土管保藏法

1.沙土处理

(1)沙处理 取河沙经 40 目过筛,去除大颗粒,加 10% HCl 浸泡(用量以浸没沙面为宜)2～4 h(或煮沸 30 min),以除去有机杂质,然后倒去盐酸。用清水冲洗至中性,烘干或晒干,备用。

(2)土处理 取非耕作层贫瘠土壤(不含有机质),加清水浸泡洗涤数次。直至中性，然后烘干粉碎，100目过筛，去除粗颗粒后备用。

2. 用磁铁吸去沙和土中的磁性物质。

3. 装沙上管　将沙与土按2∶1或3∶1(W/W)混合均匀，装入小试管中(10 mm×100 mm)，装量2～3 cm高。加棉塞，并外包牛皮纸，121℃湿热灭菌30 min。次日再湿热灭菌一次，然后烘干备用。

3. 无菌实验　每10支沙土管任抽取一支，取少许沙土放入牛肉膏蛋白胨液体培养基中，在最适(28～37℃)温度下培养2～4 d，确定无菌生长时才可使用。

4. 制备菌液　取待保存的菌种斜面，加入适量无菌水，用接种环轻轻刮下菌苔或孢子，制成均匀的菌悬液或孢子悬液。

5. 加样　用吸管吸取上述菌悬液或孢子悬液0.1～0.5 mL加入沙土管内。用接种环拌匀，加入菌液量以湿润2/3沙土高度为宜。

6. 干燥　将含菌的沙土管放入干燥器中，干燥器可再用真空泵连续抽气3～4 h以加速干燥，直至沙土完全干燥。轻轻拍打沙土管，使结块的沙土充分分散。

7. 保藏　沙土管可选择下列方法之一来保藏。

(1)保存于干燥器中。

(2)用石蜡封住棉花塞后放入冰箱保存。

8. 恢复培养　使用时挑少量混有孢子的沙土，接种于斜面培养基上或液体培养基内培养即可，原沙土管仍可继续保藏。

此法适用于保藏能产芽孢的细菌及形成孢子的霉菌和放线菌，可保存2年左右，但不适宜于保藏营养细胞。

(六)冷冻干燥保藏法

1. 准备安瓿管　选用内径约0.5 cm、长约10 cm的硬质玻璃安瓿管，用10%的HCl浸泡8～10 h后用自来水冲洗多次，最后用去离子水洗1～2次，烘干。将印有菌名和接种日期的标签放入安瓿管内，有字的一面朝向管壁。管口加棉塞，121℃灭菌30 min。

2. 制备脱脂牛奶　将脱脂奶粉配成20%乳液，根据需要分装(3～5 mL)。115℃灭菌30 min，随机抽样培养进行无菌实验，确认无菌后才可使用。

3. 菌种准备　选用无污染的纯菌种，培养时间：一般细菌为24～48 h。酵母菌为2～3 d，放线菌与丝状真菌7～10 d。

4. 菌液制备及分装　吸取约3 mL无菌脱脂牛奶加入斜面菌种管中，用接种环轻轻刮下菌苔或孢子，振荡试管，制成均匀的菌悬液或孢子悬液。用无菌长滴管将菌悬液或孢子悬液分装于安瓿管，每管装0.2 mL。

5. 预冻　剪去安瓿管口外的棉花，并将棉塞向管内推至离管口约1.5 cm处，再通过乳胶管把安瓿管连接到真空冷冻装置总管的侧管上，总管则通过厚壁橡皮管及三通短管与真空表及干燥瓶、真空泵相连接。将所有安瓿管浸入装有干冰和95%乙醇的预冷槽中(此时槽内温度可低达－40～－50℃)。只需冷冻1 h左右，即可使悬液冰结成固体。

6. 真空干燥　完成预冻后，升高总管使安瓿管仅底部与冰面接触(此处温度约－10℃)，以保持安瓿管内的悬液仍呈固体状态。开启真空泵后，应在5～15 min内使真空度达66.7 Pa以下，使被冻结的悬液开始升华，当真空度达到26.7～13.3 Pa时，冻结样品逐渐被干燥成白色片状，此时使安瓿管脱离冰浴，在室温下(25～30℃)继续干燥(管内温度不超过30℃)，升温可加速样品残余水分的蒸发。总干燥时间应根据安瓿管的数量，悬液及保护剂性质来定，一般3～4 h即可。

7. 封口样品　干燥后继续抽真空达1.33 Pa时，在安瓿管棉塞的稍下部位用酒精喷灯火焰灼烧，拉成细颈并熔封，然后置4℃冰箱内保藏。

8. 恢复培养　用75%乙醇消毒安瓿管外壁后，在火焰上烧热安瓿管上部。然后将无菌水滴在烧热处，使管壁出现裂缝，放置片刻，让空气从裂缝中缓慢进入管内后，将裂口端敲断，加入无菌水后用无菌的长滴管吸取菌液或直接取出冻干菌粉至合适培养基中，放置在最适温度下培养。

冷冻干燥保藏法综合利用了各种有利于菌种保藏的因素，适合于大多数微生物菌种的保藏，效果较好，保存时间可长达10年以上。

(七)液氮超低温冷冻保藏法

1. 准备安瓿管　选用硅酸盐玻璃制成的安瓿管，洗净并烘干。安瓿管口塞上棉花，并包上牛皮纸，121℃灭菌30 min，然后将安瓿管编号备用。

2. 制备冷冻保护剂　将终浓度10%(V/V)甘油121℃灭菌30 min或10%(V/V)二甲亚砜过滤除菌。随机抽样培养进行无菌实验，确认无菌后使用。

3. 制备菌悬液或带菌琼脂块浸液　取新鲜培养健壮的斜面菌种加入3～5 mL 10%甘油保护剂，用接种环轻轻刮下菌苔，振荡，制成菌悬液。用无菌吸管吸取0.5～1 mL菌悬液分装于无菌安瓿管中，然后用火焰熔封安瓿管口。如果是保藏霉菌或放线菌的菌丝体，可用无菌打孔器从平板上切下带菌丝体的琼脂块(直径约5～10 mm)，置于含有10%甘油保护剂的无菌安瓿管中，用火焰熔封安瓿管口(现普遍使用的是带有螺旋帽和垫圈，容量为2 mL的安瓿管，材质有硬质玻璃的，也有聚丙烯塑料的)。

4. 慢速预冷冻处理　将已封口的安瓿管置于铝盒中，然后再置于一个较大的金属容器中，再将此金属容器置于控速冷冻机的冷冻室中，以每分钟下降1℃的速度冻结至－30℃。如实验室无控速冷冻机时，可将已封口的安瓿管置于－70℃冰箱中预冷冻 4 h,以代替控速冷冻处理。

5.液氮保藏　将上述经慢速预冷冻处理的封口安瓿管迅速置于液氮罐中进行保藏。

6.恢复培养　需使用所保藏的菌种时,可用急速解冻法融化安瓿管中结冰。从液氮罐中取出安瓿管,立即置于 38～40℃水浴中,并轻轻摇动,使管中结冰迅速融化。融化后以无菌操作打开安瓿管,用无菌吸管将安瓿管中保藏培养物移至适宜的培养基中进行保温培养即可。

注意事项:

(1)安瓿管需绝对密封,如有漏缝,保藏期间液氮会渗入安瓿管内,当从液氮罐中取出安瓿管时,由于室温较高,液氮会急剧汽化而发生爆炸,故为防不测,操作人员应戴手套和面罩。

(2)液氮与皮肤接触时,皮肤极易被"冷烧",故应特别小心操作。

(3)当从液氮罐取出某一安瓿管时,为了防止其他安瓿管升温而不利保藏,故取出及放回安瓿管的时间一般不要超过 1 min。

液氮超低温冷冻保藏是一种很好的微生物菌种保藏方法,可稳定保持菌种原有生理特性,保藏时间可长达数十年。但在保藏过程中需不断向液氮罐中补充液氮,如有失误,将造成重大损失,保藏费用高。

(八)孢子滤纸保藏法

在无菌条件下,将孢子收集在无菌滤纸片(0.5 cm×1 cm)上,再把带有孢子的滤纸放入无菌安瓿管内,或放入 10 mm×60 mm 的无菌指形管内,加塞,用石蜡封口(安瓿管熔融封口)。该法主要用于产孢真菌的保藏,有些真菌孢子保存 3 年仍有活力。

五、作业与思考题

1.经常使用的细菌菌株,使用哪种保藏方法比较好?

2.菌种保藏中,石蜡油的作用是什么?

3.沙土管法适合保藏哪一类微生物?

4.简述真空冷冻干燥保藏菌种的原理。

5.在冷冻保藏微生物菌种时,为什么要加保护剂?除甘油外你还知道哪些常用的保护剂?

实验二十五　甜米酒的酿造

甜米酒又名米酒、甜酒或甜酒酿等，是我国传统食品。甜米酒微酸香甜、口感舒适、营养丰富。

一、实验目的

1. 了解甜米酒制作的基本原理，学习甜米酒的制作方法。

2. 了解不同微生物对甜米酒发酵过程的影响。

二、实验原理

甜米酒的发酵原理是经过蒸煮的糯米或大米，在适宜的温度等环境条件下由根霉（或曲霉）产生的淀粉酶将淀粉水解为寡糖和单糖（葡萄糖），该过程称为糖化。然后再由酵母菌将这些糖类中的一部分发酵产生酒精，最终形成含糖和酒精的饮品，即甜米酒。

三、实验材料与用品

菌种：米根霉（*Rhizopus oryzae*）、酿酒酵母（*Saccharomyces cerevisiae*）、甜酒曲（小曲）。

培养基：酵母膏蛋白胨培养基。

器皿及材料：糯米、大米、500 mL 烧杯（或不锈钢杯、搪瓷杯均可）、玻璃棒、保鲜膜、长柄小匙、无菌水、吸管等。

仪器与设备：蒸锅、电磁炉或电炉。

四、实验内容与方法

（一）甜米酒的酿造

1. 洗米和浸米　在 500 mL 烧杯中加入 100 g 米，加入冷水洗除附着在米上的米糠和尘土，至淋出的水无白浊为度。加冷水至液面高于米面约 2 cm，浸泡 4 h，使米中淀粉分子吸水膨胀，便于蒸煮糊化。此时米颗粒保持完整但已经酥软，然后沥去多余水分。

2. 蒸煮　将上述浸米装入蒸锅，加热蒸煮 20～30 min，使大米中的淀粉受热吸水糊化，淀粉结晶结构的破坏利于糖化菌的作用，同时也进行了杀菌。

也可以将大米清洗后，直接加约 2 倍体积的水，115℃灭菌 20～30 min。

蒸煮后的大米要求米蒸透而不烂、无硬心。

3. 接种　将米饭自然冷却至室温，加入适量的甜酒曲（参照产品说明书），用无菌长柄小匙将甜酒曲与米饭混合均匀，稍稍压实后在中间杵一个洞，再撒上少量甜酒曲。用保鲜膜封口后，置于 28℃温箱中培养。

4. 培养观察　每天观察发酵过程，2 d 应产生酒香，有清液渗出。3～4 d 渗出清液增多，此时可用无菌的长柄小匙将发酵的米饭团轻轻压实，继续培养发酵至第 7 d。

5. 加工处理　发酵 7 d 后取出，用清洁的双层纱布过滤，滤液即是甜酒液。甜酒液煮沸、冷却后即可饮用。

（二）不同微生物对甜米酒发酵过程的影响

1. 清洗和蒸煮　大米的清洗和蒸煮如上。

2. 菌种制备　冰箱保存的米根霉（*Rhizopus oryzae*）和酿酒酵母（*Saccharomyces cerevisiae*）接种于酵母膏蛋白胨培养基试管斜面，28℃培养活化菌种，菌种活化至少进行 2 次。米根霉培养至长满菌丝，并有大量孢子形成时，加入 5～10 mL 无菌水，洗下孢子，制成孢子悬浮液。将孢子悬液转移至灭菌空试管中，血细胞计数器计数，用无菌水稀释调节孢子浓度在 1×10^5 个/mL 左右，待用。酿酒酵母斜面培养 2～3 d 后加入 5～10 mL 无菌水制成菌悬液，血细胞计数器计数，用无菌水稀释调节到细胞浓度在 1×10^6 个/mL 左右，待用。

3. 接种处理　实验处理方案如下。

处理	方　法
1	接种 1 mL 米根霉孢子悬液
2	接种 1 mL 酵母菌悬液
3	接种 1 mL 米根霉孢子悬液和 1 mL 酵母菌悬液
4	先接种 1 mL 米根霉孢子悬液，培养 24 h，再接种 1 mL 酵母菌悬液

其他实验步骤同上。

4. 培养观察　每天观察各处理发酵状态，记录米饭团的变化、气味变化、甜味变化、颜色变化、是否有清液渗出等。

5. 加工处理　发酵 7 d 后取出，用清洁的双层纱布过滤，收集滤液，煮沸、冷却后品尝，比较各处理间的差别。

五、作业与思考题

1. 记录甜米酒的酿造过程，以及酿造过程中外观、气味、甜味等的变化。

2. 确定本实验中口感最佳（甜酸适度、酒味醇香）的甜米酒发酵条件，指出关键步骤。

实验二十六　酸奶的制作

酸奶是以牛乳等为原料，经乳酸菌的厌氧发酵制成的发酵乳制品。牛乳中含有丰富的乳糖、蛋白质、脂肪、维生素等营养物。当乳酸菌发酵牛乳时，乳糖被分解产生乳酸，使牛乳的 pH 值降低，导致牛乳中的蛋白质（主要是酪蛋白）等在等电点附近形成凝聚状沉淀。乳酸不仅起到保持成品性状，提供风味、减缓成品腐败的作用，也能抑制肠道有害细菌的生长。某些乳酸菌可以在消化道定殖，进而改善肠道的微生态环境。酸奶制作过程中，乳酸菌的大量繁殖也造成牛奶中部分蛋白质的降解及乳酸钙的形成，同时，一些风味物质如丁二酮等也形成，这些物质及乳酸和乳酸菌共同赋予酸奶具有良好的色、香、味，又有较高的营养价值。

一、实验目的

1. 了解酸奶制作的基本理论。

2. 掌握酸奶制作的方法。

二、实验原理

传统酸奶是以牛乳为原料，添加适量蔗糖，经巴氏杀菌后冷却，接种乳酸菌发酵剂，经保温发酵而制成。酸奶制作的发酵剂具有单菌和多菌混合型，菌种的选择主要是由产品的要求及生产条件确定的。目前，普遍采用的是多菌混合型，多菌混合发酵可提高产酸力并使产品具有更佳的风味。常用的多菌混合是 1∶1 的嗜热链球菌（*Streptococcus thermophilus*）和保加利亚乳杆菌（*Lactobacillus bulgaricus*）。保加利亚乳杆菌的最适生长温度是 40～43℃，嗜热链球菌的最适生长温度稍低，所以酸奶发酵的温度一般为 41～42℃。

三、实验材料与用品

菌种：嗜热链球菌（*Streptococcus thermophilus*）、保加利亚乳杆菌（*Lactoba-*

cillus bulgaricus)。也可购买混合型发酵剂,根据说明书的要求使用。

原料:新鲜优质牛奶或脱脂奶粉,蔗糖(白砂糖)。

培养基:10%脱脂奶粉培养基(或脱脂新鲜牛奶,不含抗生素),pH 自然,分装试管(10 mL/支)或三角瓶(150 mL/300 mL 三角瓶),115℃,灭菌 15 min。牛奶灭菌温度过高容易沉淀成块,采用高温蒸汽灭菌尤其要注意,不能超过 115℃,而且时间也不宜过长。

器皿及材料:18 mm×180 mm 试管、300 mL 三角瓶、500 mL 烧杯、200 mL 量筒、5 mL 无菌吸管、酸奶瓶、玻璃棒等。

仪器与设备:天平、分光光度计、冰箱。

四、实验内容与方法

(一)发酵剂制作

将嗜热链球菌和保加利亚乳杆菌分别用 10%脱脂奶粉培养基(试管)活化 3 次,然后转接三角瓶脱脂奶粉培养基。嗜热链球菌 37～40℃培养,保加利亚乳杆菌 42～43℃培养。每次牛奶凝固即可以转接,时间为 12～14 h,接种量为 1%～2%。

(二)酸奶制作

1. 培养基制作　新鲜牛奶或 12%～13%的脱脂牛奶,加入 3%～6%的蔗糖(依个人口味), pH 自然,分装酸奶瓶。将酸奶瓶置于蒸锅蒸煮,维持 30 min。也可 115℃灭菌 15 min。

2. 接种发酵剂　待牛奶冷却至 40～45℃,接入发酵剂(嗜热链球菌和保加利亚乳杆菌),接种量 2%,接种比例为 1∶1,即各接入 1%的嗜热链球菌和保加利亚乳杆菌,混匀,封口。

3. 保温发酵　接种后,置于 42～43℃保温发酵 2～3 h,待酸奶已凝结、pH 达到 4.2～4.3,停止发酵。

4. 后发酵　将酸奶转至 2～4℃冷藏室,搬运要避免振动。酸奶约经历 30 min 降至 10℃以后,后发酵停止。为防止酸度升高、杂菌污染,提高稳定性,应在冷藏室继续冷藏酸奶 12～20 h。

5. 成品检查　品尝自己制作的酸奶,判断其感官品质是否达到要求,达标的酸奶是:凝乳结实均匀,无气泡,表面光滑,乳白色,酸味诱人。

五、作业与思考题

1. 简述酸奶制作的工艺流程，你认为哪些步骤对酸奶的品质影响较大？

2. 记录你所制作酸奶的感官品质，如果你制作酸奶的感官品质没有达到要求，请分析原因。

实验二十七　泡菜的制作及乳酸菌的分离

泡菜是我国民间广泛流传的风味酸渍蔬菜，泡菜的制作实质是利用自然的微生物群落或人工接种进行乳酸发酵。能利用碳水化合物（主要是葡萄糖）发酵主要产生乳酸的细菌统称为乳酸菌，常见的乳酸菌有：乳酸链球菌（*Streptococcus lactis*）、植物乳杆菌（*Lactobacillus plantarum*）、短乳杆菌（*Lactobacillus brevis*）、肠膜明串珠菌（*Leuconostoc mesenteroides*）等。它们都是厌氧或微需氧菌，在 pH 值为 5～6 环境中能正常生长。除乳酸链球菌是长链或短链排列的球菌外，其余均为无芽孢、革兰氏阳性、一般不能运动的杆菌。培养乳酸菌的培养基一般要加酵母膏等才能保证其生长。

一、实验目的

1. 学习并掌握泡菜的制作，并通过泡菜制作了解乳酸发酵过程。
2. 学习利用乳酸菌的生理生化特性分离、鉴定乳酸菌。
3. 学习乳酸的检测。

二、实验原理

乳酸发酵是在厌氧条件下，乳酸菌分解己糖产生乳酸的过程。泡菜、酸奶及青贮饲料的制作均是常见的乳酸发酵过程，乳酸在这些制品中即可改善产品的风味，又可降低产品的 pH 值，抑制腐败细菌的生长。

根据乳酸发酵反应途径和产物的不同，可区分乳酸发酵为同型乳酸发酵和异型乳酸发酵。同型乳酸发酵产物只有乳酸，异型乳酸发酵的产物则较复杂，除产生乳酸外，还可产生乙醇、甲酸、乙酸、琥珀酸、甘油及 CO_2 和 H_2 等。制作质量好的泡菜、酸奶等乳酸发酵制品中，同型乳酸发酵是主要的发酵过程。如果在乳酸发酵制品中，异型乳酸发酵所占的比例较大，则影响其风味，造成口味不纯正，而且由于产生的乳酸较少，产物较复杂，而容易引起其他腐败微生物的生长。严格掌握操作程序标准，并为常见同型乳酸发酵细菌提供厌氧等环境，是增大同型乳酸发酵比例、提高产品质量的重要保证。当然，如果仅有同型乳酸发酵，产品的风味也会单调，但一般在乳酸发酵产品制作上，由于发酵菌种多样，这种情况不会出现。

在泡菜制作过程中需注意：①创造一个厌氧环境；②避免油脂，防止腐败菌生长；③加入适量食盐，一方面可避免不耐盐杂菌的生长，另一方面可以增加适口性；④加入适量的蔗糖和调味料，以促进乳酸菌优势生长，保证泡菜的质量和风味。

乳酸菌的分离是一个比较复杂的问题，因为不同乳酸菌的生理特性各不一样，分离材料中所含乳酸菌的种类、数量也不同。有的材料中乳酸菌的种群比较单一，也有的材料中乳酸菌的种群复杂，因此，在分离乳酸菌时，需综合考虑这些因素，采用不同的分离培养基和分离方法。

三、实验材料与用品

乳酸菌培养基：胨化牛奶 15 g，酵母膏 5 g，葡萄糖 10 g，KH_2PO_4 2 g，西红柿汁 100 mL，吐温 80 10 mL，蒸馏水 900 mL，pH 6.0～6.5。115℃灭菌 20 min。

染色液：革兰氏染液。

试剂：10% H_2SO_4、2% $KMnO_4$、银氨溶液（先加入 1 mL 2%的 $AgNO_3$ 溶液，然后一边摇动一边加入 2%的稀氨水，至最初产生的沉淀恰好溶解，现用现配）。

器皿及材料：新鲜蔬菜，泡菜坛，切菜刀，菜板，开水，食盐、白糖、花椒等调料，pH 试纸，滤纸条，试管等。

四、实验内容与方法

（一）泡菜的制作

1.用开水配制约 6%食盐溶液，放凉待用。

2.将新鲜蔬菜洗净，沥干水分，切成适当小块，装入泡菜坛中。

3.先加入一半的食盐水，然后加入白糖、花椒等调料（依个人的口味），补足食盐水至淹没蔬菜，最好是灌满泡菜坛。盖上泡菜坛顶盖，用水封口，隔绝空气，置 28～30℃培养 3～5 d。

4.打开泡菜坛盖，先闻气味，然后品尝，用 pH 试纸测试泡菜汁的 pH 值。记录检查结果。

（二）乳酸菌的初步鉴定和乳酸的检测

1.乳酸菌的观察　取泡菜汁一环涂片，用革兰氏染液染色，油镜检查。菌体为细长杆状、无芽孢、G^+ 的细菌为乳酸杆菌。若是呈链状排列、G^- 的球菌为乳酸链球菌。

2.乳酸的检测　取泡菜汁 10 mL 于空试管中，加 1 mL 10% H_2SO_4，再加入

2% $KMnO_4$ 溶液 1 mL，混合均匀，此时如有乳酸则会转化为乙醛。取滤纸条于银氨溶液中浸湿，横跨在试管口上，慢慢加热试管至沸，挥发的乙醛使滤纸变黑，即证明发酵液有乳酸的生成。

(三)乳酸菌的分离

采用基内接种法。将泡菜汁进行适当稀释，将各稀释液分别取 1 mL 于无菌培养皿中，倒入约 15 mL 融化后冷却至 50℃左右的乳酸菌培养基，迅速混匀。凝固后置 25～28℃下培养，约 4 d 后，皿内出现白色小菌落，即为初步分离的乳酸菌。继续培养 5～7 d 后，观察记录菌落特征，挑取少量菌苔进行革兰氏染色，镜检。进一步的鉴定应以生理生化鉴定为主。

五、作业与思考题

1. 记录泡菜的制作过程和泡菜的外观、色泽、口感等。
2. 图示泡菜汁镜检结果。
3. 简述乳酸菌的分离要点，为什么分离时采用了基内接种法？

实验二十八　食品中大肠菌群的测定

大肠菌群是指一群在 37℃条件下能分解乳糖，产酸、产气的需氧和兼性厌氧的革兰氏阴性无芽孢杆菌。以大肠杆菌为主，包括埃希氏菌属（*Escherichia*）、柠檬酸菌属（*Citrobacter*）、肠杆菌属（*Enterobacther*）和克雷伯氏菌属（*Klebsiella*）等，是肠道中最普遍，数量最多的一类细菌。

大肠菌群主要来源于人、畜粪便，可用来判断食品被粪便污染的可能性和程度，它反映了食品是否被粪便污染，同时间接地指出食品是否有肠道致病菌污染的可能性。因为大肠菌群在肠道和粪便中数量非常高，且与肠道和粪便中的病原菌生活习性相近，抗逆能力稍强，在数量上两者具有一定相关性，且大肠菌群易于培养和检测，所以非常适合用来作为判断样品是否被人、畜粪便污染的标志。故以此作为粪便污染指标来评价食品的卫生质量，具有广泛的卫生学意义。

一、实验目的

1. 了解食品中大肠菌群测定的目的和意义。
2. 掌握食品中大肠菌群测定的方法与原理。

二、实验原理

在我国的食品卫生微生物学检验国家标准中（GB/T 4789.3—2010），大肠菌群的测定可采用最可能数法（The most probable number，简称 MPN）和平板计数法，MPN 法是根据大肠菌群具有发酵乳糖产酸产气的特性，利用含乳糖的培养基培养不同稀释度的样品，经初发酵和复发酵 2 个检测步骤，最后根据结果查最可能数表，算出食品中的大肠菌群数，检验程序如图 28-1 所示。

大肠菌群的平板计数法是将经稀释的样品接种于 VRBA（结晶紫中性红胆盐琼脂）平板，在该平板上，典型的大肠菌群菌落是紫红色，周围有红色的胆盐沉淀环。将典型大肠菌群和疑似大肠菌群菌落再分别移种于 BGLB（煌绿乳糖胆盐）肉汤管，根据在 BGLB 肉汤管是否产气判断是否存在大肠菌群细菌，检验程序如图 28-2 所示。

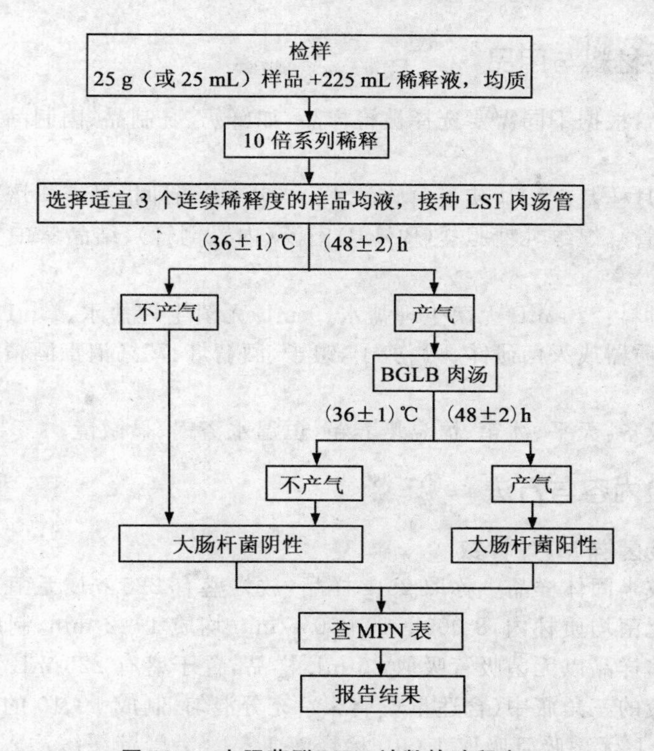

图 28-1 大肠菌群 MPN 计数检验程序

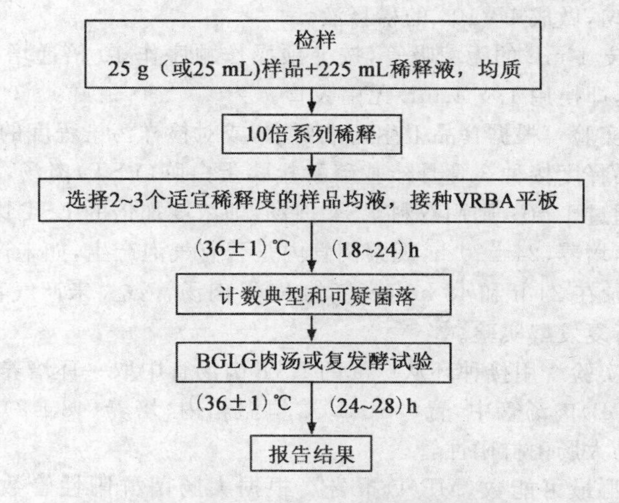

图 28-2 大肠菌群平板计数检验程序

三、实验材料与用品

待检样品：根据不同需要选择被检样品，如鲜奶、乳制品、肉制品、蛋制品、水产品、饮料等。

培养基：月桂基硫酸盐胰蛋白胨(LST)肉汤(肉汤即指是液体培养基。内置倒管，也称杜兰管)、煌绿乳糖胆盐(BGLB)肉汤(内置倒管)、结晶紫中性红胆盐琼脂(VRBA)

器皿及材料：225 mL 无菌生理盐水、9 mL 无菌生理盐水、1 mL 无菌吸管、无菌培养皿、均质器或灭菌研钵、刀、剪子、镊子、酒精灯、75%消毒酒精瓶、玻璃刮铲、火柴等。

仪器与设备：天平、冰箱、恒温培养箱、恒温水浴锅、显微镜。

四、实验内容与方法

(一)大肠菌群 MPN 计数

1. 固体或半固体样品　称取 25 g 样品，放入盛有 225 mL 无菌生理盐水或其他稀释液的无菌均质杯内，8 000～10 000 r/min 均质 1～2 min，制成 1∶10 的样品均液。液体样品以无菌吸管吸取 25 mL 样品，置于盛有 225 mL 无菌生理盐水或其他稀释液的三角瓶中(含适量玻璃珠)，充分混匀，制成 1∶10 的样品均液。

2. 用 1 mL 无菌吸管吸取 1∶10 稀释液 1 mL，沿管壁缓缓注入含有 9 mL 无菌生理盐水或其他稀释液的试管内(注意吸管尖端不要触及管内稀释液，下同)，振摇试管混合均匀，做成 1∶100 的稀释液。

3. 另取一支 1 mL 的无菌吸管，按上项操作顺序作 10 倍递增稀释液，如此每递增稀释一次，即换用 1 支 1 mL 无菌吸管。

4. 初发酵实验　根据食品卫生标准要求，或对检样污染程度的估计，选择 3 个稀释度，每个稀释度接种 3 管月桂基硫酸盐胰蛋白胨(LST)肉汤，接种量为 1 mL(如果接种量超过 1 mL，则用双料 LST 肉汤，即浓度加倍的 LST 肉汤)。置(36±1)℃恒温箱内，培养(24±2) h，观察倒管内是否有气泡产生，如未产气则继续培养(48±2) h，记录在 24 h 和 48 h 内产气的 LST 肉汤管数。未产气者为大肠菌群阴性，产气者进行复发酵实验。

5. 复发酵实验　用接种环从产气的 LST 肉汤管中取一环培养物，移种于煌绿乳糖胆盐(BGLB)肉汤管中，置(36±1)℃恒温箱内，培养(48±2) h，观察产气情况，产气者计为大肠菌群阳性管。

6. 大肠菌群最可能数(MPN)报告　根据大肠菌群阳性管数，检索 MPN 表(表 28-1)，报告每克(或每毫升)样品中大肠菌群的 MPN 值。

表 28-1　大肠菌群最可能数(MPN)检索表

阳性管数			MPN	95%可信限		阳性管数			MPN	95%可信限	
0.10	0.01	0.001		下限	上限	0.10	0.01	0.001		下限	上限
0	0	0	＜3.0	—	9.5	2	2	0	21	4.5	42
0	0	1	3.0	0.15	9.6	2	2	1	28	8.7	94
0	1	0	3.0	0.15	11	2	2	2	35	8.7	94
0	1	1	6.1	1.2	18	2	3	0	29	8.7	94
0	2	0	6.2	1.2	18	2	3	1	36	8.7	94
0	3	0	9.4	3.6	38	3	0	0	23	4.6	94
1	0	0	3.6	0.17	18	3	0	1	38	8.7	110
1	0	1	7.2	1.3	18	3	0	2	64	17	180
1	0	2	11	3.6	38	3	1	0	43	9	180
1	1	0	7.4	1.3	20	3	1	1	75	17	200
1	1	1	11	3.6	38	3	1	2	120	37	420
1	2	0	11	3.6	42	3	1	3	160	40	420
1	2	1	15	4.5	42	3	2	0	93	18	420
1	3	0	16	4.5	42	3	2	1	150	37	420
2	0	0	9.2	1.4	38	3	2	2	210	40	430
2	0	1	14	3.6	42	3	2	3	290	90	1 000
2	0	2	20	4.5	42	3	3	0	240	42	1 000
2	1	0	15	3.7	42	3	3	1	460	90	2 000
2	1	1	20	4.5	42	3	3	2	1 100	180	4 100
2	1	2	27	8.7	94	3	3	3	＞1 100	420	—

注：①本表采用 3 个稀释度[0.1 g(或 0.1 mL)、0.01 g(或 0.01 mL)、0.001 g(或 0.001 mL)]，每个稀释度接种 3 管。②表内所列检样量如改用 1 g(或 1 mL)、0.1 g(或 0.1 mL)、0.01 g(或 0.01 mL)时，表内数字相应降低 10 倍；如改用 00.1 g(或 0.01 mL)、0.001 g(或 0.001 mL)、0.0001 g(或 0.000 1 mL)时，表内数字相应增加 10 倍，其余类推。

(二)大肠菌群平板计数

1. 样品的稀释方法同上。

2. 选取 2～3 个适宜的连续稀释度，每个稀释度接种 2 个无菌培养皿，每皿 1 mL，同时分别取 1 mL 无菌生理盐水加入 2 个无菌培养皿作为空白对照。

3. 及时将 15～20 mL 冷却至 50℃左右的结晶紫中性红胆盐琼脂(VRBA)注

入平皿，并转动平皿使混合均匀。待琼脂凝固后，再加 3～4 mL VRBA 覆盖平板表层，凝固后，翻转平皿，置(36±1)℃恒温箱内培养 18～24 h。

4. 平板计数　选取菌落数在 30～150 之间的平板，分别计数典型的和可疑的大肠菌群菌落。典型的大肠菌群菌落是紫红色，周围有红色的胆盐沉淀环，菌落直径为 0.5 mm 或更大。

5. 证实实验　从 VRBA 平板上挑取 10 个不同类型的典型和可疑菌落，分别移种于 BGLB 肉汤管内，(36±1)℃培养 24～48 h，观察产气情况，凡 BGLB 肉汤管产气者为大肠菌群阳性。

6. 大肠菌群平板计数报告　将 BGLB 肉汤管证实实验的阳性管比例乘以 VRBA 平板计数的结果，再乘以稀释倍数，即为每克(或毫升)样品中的大肠菌群数。如：稀释 10^{-4} 的检样品 1 mL，在 VRBA 平板计数有 100 个典型和可疑菌落，挑取其中 10 个进行 BGLB 肉汤管证实实验，有 6 管为阳性管，则该样品的大肠菌群数为：$100\times6/10\times10^4$/g(mL)$=6.0\times10^5$ cfu/g(cfu/mL)。

五、作业与思考题

1. 大肠菌群的定义是什么？

2. 为什么选择大肠菌群作为食品被粪便污染的指标菌？

3. 记录大肠菌群阳性管数，查 MPN 检索表，报告每克(或毫升)样品大肠菌群的 MPN 值。

表 28-2　大肠菌群 MPN 计数实验结果记录

样品稀释度	0.1	0.01	0.001
阳性管数			
MPN 值			

4. 记录大肠菌群平板计数结果，报告每克(或毫升)样品大肠菌群数。

表 28-3　大肠菌群平板计数实验结果记录

样品稀释度				平均值
菌落计数				
证实实验阳性管数				
大肠菌群数				

实验二十九　水污染指示菌的检测

水体中的病原微生物常因数量较少而难以检出，即使检出结果为阴性，也不能保证无病原微生物存在，同时检出手续也很复杂。所以，在实际工作中常借用检查水体中有无“指示菌”存在及其数量多少来判定水质是否被污染。这在水的卫生学检查方面有较重要的意义。饮用水是否符合卫生标准，需进行细菌总数及大肠菌群数量的测定。

一、实验目的

1. 学习水样的采集和水样细菌总数测定的方法，了解细菌总数与水质状况间的关系。

2. 学习用滤膜法和多管发酵法检测水中大肠菌群的方法，了解并掌握大肠菌群的存在和数量对饮水质量和人畜健康的重要性。

二、实验原理

检测水质中的细菌数量是评价水质状况的重要指标之一。细菌总数指 1 mL 水样在牛肉膏蛋白胨琼脂培养基平板上，于 37℃经 24 h 培养后所生长的细菌菌落总数。我国生活饮用水卫生标准（GB 5749—2006）中规定细菌总数在 1 mL 水中不得超过 100 个。

如果饮用水或水源被人、畜粪便污染，则有可能也被肠道病原菌污染而引起肠道疾病发生，如伤寒、痢疾、霍乱等。这些病原菌在水中数量可能不太多，不容易分离和检测到。而大肠菌群是一群以大肠埃希氏菌（*E. coli*）为主的需氧及兼性厌氧的革兰氏阴性无芽孢杆菌，易于检测。所以常将大肠菌群作为水源被粪便污染的指示菌。我国生活饮用水卫生标准（GB 5749—2006）中规定大肠菌数在 100 mL 饮用水中不得检出。常用的检测法有多管发酵法和滤膜法（参照国家标准 GB/T 5750.12—2006）。

三、实验材料与用品

待检水样：生活用水、天然水、生活污水。

培养基：牛肉膏蛋白胨培养基、乳糖蛋白胨培养液（内置倒管，每管 10 mL）、2 倍或 3 倍浓缩乳糖蛋白胨培养液（内置倒管，每管 5 mL）、伊红美蓝琼脂培养基、品红亚硫酸钠培养基（远藤氏培养基）、乳糖蛋白胨半固体培养基。

器皿及材料：灭菌三角瓶、灭菌的带玻璃塞的三角瓶、灭菌培养皿、1 mL 灭菌吸管、10 mL 灭菌吸管、灭菌试管、含 1 mL 30 g/L 的 $Na_2S_2O_3 \cdot 5H_2O$ 的灭菌采样瓶、9 mL 无菌水试管、90 mL 三角瓶无菌水（含玻璃珠 30～40 粒）、玻璃刮铲、无菌采水器、指形管、500 mL 抽滤瓶、灭菌滤器、3 号滤膜（$\phi=0.45\ \mu m$）、抽气设备、灭菌无齿镊子、革兰氏染液、玻片、显微镜等镜检用物。

四、实验内容与方法

（一）水中细菌总数的测定

1.水样的采集　供检水样的采集须按无菌操作要求进行，并保证在运送、贮存过程中不受污染。采样后应立即送检，不得超过 4 h，否则应存于冰箱，并在 24 h 内进行检验，且应在检验报告单上注明。

（1）自来水　先将自来水龙头用火焰灼烧灭菌 3 min，再开放水龙头使水流 5 min，以排净管内积水，然后以灭菌三角瓶接取水样，以待分析。若自来水中含有余氯，则采样瓶中应预先按每 500 mL 水样加 30 g/L 硫代硫酸钠溶液 1 mL，以中和余氯（防止氯的消毒作用），减少误差。

（2）天然水（江、河、湖中的水）　采样时，应取距水面 10～15 cm 深层的水样，先将灭菌的带玻璃塞三角瓶，瓶口向下浸入 5～10 cm 深的水中，然后翻转过来，拔去玻璃塞，水即流入瓶中，盛满后，将瓶塞盖好，再从水中取出。

2.细菌总数的测定　采用稀释平板倾注法（即基内接种）进行。

（1）自来水细菌总数测定

①用无菌吸管吸取 1 mL 水样，注入 3 个无菌平皿中。

②将已融化并保温在 50℃左右的牛肉膏蛋白胨琼脂培养基倒入培养皿约 15 mL，立即在桌上作平面旋摇，使水样与培养基充分混匀。

③另取一空的灭菌培养皿，加入 1 mL 无菌水，倾注牛肉膏蛋白胨琼脂培养基 15 mL 作空白对照。

④培养基凝固后，倒置于 37℃温箱中，培养 24 h，进行菌落计数。

(2)天然水细菌总数测定

①稀释水样 以无菌操作法用无菌吸管吸取 10 mL 充分混匀的水样，注入盛有 90 mL 含玻璃珠的无菌水的三角瓶中，制成 10^{-1} 的稀释液。再吸取 10^{-1} 稀释液 1 mL 加入 9 mL 无菌水试管中，得到 10^{-2} 稀释度，依次稀释可得到 10^{-3}、10^{-4} 等不同稀释倍数的稀释液。稀释倍数依水样污浊程度而定，以培养后平板的菌落数在 30～300 个稀释度最为合适，若三个稀释度的菌数均多到无法计数或少到无法计数，则需调整稀释倍数。

一般中等污秽水样，取 10^{-1}、10^{-2}、10^{-3} 3 个连续稀释度，污秽严重的取 10^{-2}、10^{-3}、10^{-4} 3 个稀释度。

②选取 3 个稀释度，按 3 次重复，以倾注法接种(基内接种，同上)，于 37℃下培养 24 h，进行菌落计数。

3. 菌落计数方法 按下列原则选皿计数。

(1)平皿菌落选择 先计算相同稀释度的平均菌落数。若其中一个平皿中有较大片状菌苔生长时，则不宜采用，而应以无片状菌苔生长的平皿作为该稀释度的平均菌落数；若片状菌苔的大小不到平皿的一半，而其余一半菌落分布又很均匀时，则可将此皿中的一半菌落计数后乘以 2 来代表全皿菌数，然后再计算该稀释度的平均菌落数。

(2)稀释度的选择

①首先选择平均菌落数在 30～300 平皿进行计算，当只有一个稀释度的平均菌落数符合此范围时，则以该平均菌落数乘其稀释倍数即为该水样的细菌总数(见表 29-1，事例 1)。

②若有两个稀释度的平均菌落数都在 30～300，则按二者菌落总数之比值来决定。若其比值小于 2，应取两者的平均数报告(见表 29-1，事例 2)。若大于 2，则报告其中稀释度较小的菌落数(见表 29-1，事例 3)。若等于 2，亦报告其中稀释度较小的菌落数(见表 29-1，事例 4)。

③若所有稀释度的平均菌落数均大于 300，则应按稀释度最高的平均菌落数乘以稀释倍数报告(见表 29-1，事例 5)。

④若所有稀释度的平均菌落数均小于 30，则应按稀释度最低的平均菌落数乘以稀释倍数报告(见表 29-1，事例 6)。

⑤若所有稀释度的平均菌落数均不在 30～300，则以最接近 300 或 30 的平均菌落数乘以稀释倍数报告(见表 29-1，事例 7)。

⑥菌落数在 100 以内时按实有数报告，大于 100 时，采用二位有效数字，在二位有效数字后面的值，以四舍五入法取舍。

表 29-1 计算菌落总数方法举例

事例	不同稀释度的平均菌落数			两个稀释度菌落数之比	菌落总数(cfu/mL)	报告方式(cfu/mL)
	10^{-1}	10^{-2}	10^{-3}			
1	1 365	164	20	—	16 400	1.6×10^4
2	2 760	295	46	1.6	37 750	3.8×10^4
3	2 890	271	60	2.2	27 100	2.7×10^4
4	150	30	8	2.0	1 500	1.5×10^3
5	多不可计	1 650	513	—	513 000	5.1×10^5
6	27	11	5	—	270	2.7×10^2
7	多不可计	305	12	—	30 500	3.1×10^4

(二)水中大肠菌群的测定

1.水样采集　方法与要求同细菌总数测定。

2.水样稀释　若水样较污浊或被粪便污染程度较严重,则应进行 10 倍系列稀释。

方法一　多管发酵法

该方法实质是 MPN 法(最可能数法),将待测样品进行连续稀释后,接种到合适的发酵管中,每个稀释度 3～5 个重复,培养一定时间后记录各个稀释度的阳性或阴性反应结果,通过查表得出该样品的最可能微生物数,该方法可适用于各种水样,但操作繁琐,需时较长。

根据大肠菌群所具有的发酵乳糖产酸产气的特性,向含乳糖培养基中接种待检水样,经 3 个检验步骤后,根据结果查最可能数表,即可获得待检水样中大肠菌群总数。

(1)初发酵实验　取 5 支装有 10 mL 双料乳糖蛋白胨培养液(即双倍浓度乳糖蛋白胨培养液)的发酵管,每管分别接种水样 10 mL。另取 5 支装有 10 mL(单料)乳糖蛋白胨培养液的发酵管,每管分别接种水样 1 mL。再取 5 支装有 10 mL(单料)乳糖蛋白胨培养液的初发酵管,每管分别接种稀释了 10 倍的水样 1 mL(即相当于原水样 0.1 mL),均贴好标签。此即为 15 管法,接种待测水样量共计 55.5 mL。各管摇匀后在 37℃恒温箱中培养 24 h。

对已处理过出厂的自来水,需经常检验或每天检验一次的,可直接接种 5 份水样于 10 mL 双料培养液中，每份接种 10 mL 水样(即 5 管法)。

若待测水样污染严重，可按上述 3 种梯度将水样稀释 10 倍(即分别接种原水样 1 mL、0.1 mL 0.01 mL)甚至 100 倍(即分别接种原水样 0.1 mL、0.01 mL、0.001 mL)，以提高检测的准确度。此时，不必用双料乳糖蛋白胨培养液，全用乳糖蛋白胨培养液即可。

将所有接种管在(36±1)℃培养(24±2) h，如所有接种管都不产酸产气，则可报告大肠菌群阴性，如有产酸产气者，则按下列步骤进行。

(2)平板分离　将产酸(乳糖发酵液变黄色)产气(倒管底部有气泡)或仅产酸的发酵管用接种环划线接种于伊红美蓝平板上，(36±1)℃培养 18～24 h，观察菌落形态，挑取符合下列特征的菌落进行革兰氏染色、镜检和证实实验。

在伊红美蓝平板上的菌落：

①深紫黑色、具有金属光泽的菌落。

②紫黑色、不带或略带金属光泽的菌落。

③淡紫红色、中心色较深的菌落。

(3)证实实验　将带有上述典型特征的菌落，挑取菌落的 1/3 菌体作革兰氏染色，如果镜检为阴性，则同时接种乳糖蛋白胨培养液，(36±1)℃培养(24±2)h，有产酸产气者，即可证实有大肠菌群存在。

(4)结果报告　根据证实为总大肠菌群阳性的管数，查 MPN 检索表，报告每 100 mL 水样中的总大肠菌群最可能数(MPN)值。5 管法结果查表 29-2，15 管法结果查表 29-3，稀释样品查表后所得结果应乘以稀释倍数。如所有乳糖发酵管均为阴性，可报告大肠菌群未检出。

表 29-2　5 份 10 mL 水样各种阳性和阴性结果组合时的最可能数(MPN)

5 个 10 mL 管中阳性管数	最可能数(MPN)
0	<2.2
1	2.2
2	5.1
3	9.2
4	16.0
5	>16

表 29-3 总大肠菌群 MPN 检索表

（总接种量 55.5 mL，其中 5 份 10 mL 水样，5 份 1 mL，5 份 0.1 mL 水样）

接种量(mL)			总大肠菌群(MPN/100 mL)	接种量(mL)			总大肠菌群(MPN/100 mL)
10	1	0.1		10	1	0.1	
0	0	0	<2	1	0	0	2
0	0	1	2	1	0	1	4
0	0	2	4	1	0	2	6
0	0	3	5	1	0	3	8
0	0	4	7	1	0	4	10
0	0	5	9	1	0	5	12
0	1	0	2	1	1	0	4
0	1	1	4	1	1	1	6
0	1	2	6	1	1	2	8
0	1	3	7	1	1	3	10
0	1	4	9	1	1	4	12
0	1	5	11	1	1	5	14
0	2	0	4	1	2	0	6
0	2	1	6	1	2	1	8
0	2	2	7	1	2	2	10
0	2	3	9	1	2	3	12
0	2	4	11	1	2	4	15
0	2	5	13	1	2	5	17
0	3	0	6	1	3	0	8
0	3	1	7	1	3	1	10
0	3	2	9	1	3	2	12
0	3	3	11	1	3	3	15
0	3	4	13	1	3	4	17
0	3	5	15	1	3	5	19
0	4	0	8	1	4	0	11
0	4	1	9	1	4	1	13
0	4	2	11	1	4	2	15
0	4	3	13	1	4	3	17
0	4	4	15	1	4	4	19
0	4	5	17	1	4	5	22

续表 29-3

接种量(mL)			总大肠菌群(MPN/100 mL)	接种量(mL)			总大肠菌群(MPN/100 mL)
10	1	0.1		10	1	0.1	
0	5	0	9	1	5	0	13
0	5	1	11	1	5	1	15
0	5	2	13	1	5	2	17
0	5	3	15	1	5	3	19
0	5	4	17	1	5	4	22
0	5	5	19	1	5	5	24
2	0	0	5	3	0	0	8
2	0	1	7	3	0	1	11
2	0	2	9	3	0	2	13
2	0	3	12	3	0	3	16
2	0	4	14	3	0	4	20
2	0	5	16	3	0	5	23
2	1	0	7	3	1	0	11
2	1	1	9	3	1	1	14
2	1	2	12	3	1	2	17
2	1	3	14	3	1	3	20
2	1	4	17	3	1	4	23
2	1	5	19	3	1	5	27
2	2	0	9	3	2	0	14
2	2	1	12	3	2	1	17
2	2	2	14	3	2	2	20
2	2	3	17	3	2	3	24
2	2	4	19	3	2	4	27
2	2	5	22	3	2	5	31
2	3	0	12	3	3	0	17
2	3	1	14	3	3	1	21
2	3	2	17	3	3	2	24
2	3	3	20	3	3	3	28
2	3	4	22	3	3	4	32
2	3	5	25	3	3	5	36

续表 29-3

接种量(mL)			总大肠菌群(MPN/100 mL)	接种量(mL)			总大肠菌群(MPN/100 mL)
10	1	0.1		10	1	0.1	
2	4	0	15	3	4	0	21
2	4	1	17	3	4	1	24
2	4	2	20	3	4	2	28
2	4	3	23	3	4	3	32
2	4	4	25	3	4	4	36
2	4	5	28	3	4	5	40
2	5	0	17	3	5	0	25
2	5	1	20	3	5	1	29
2	5	2	23	3	5	2	32
2	5	3	26	3	5	3	37
2	5	4	29	3	5	4	41
2	5	5	32	3	5	5	45
4	0	0	13	5	0	0	23
4	0	1	17	5	0	1	31
4	0	2	21	5	0	2	43
4	0	3	25	5	0	3	58
4	0	4	30	5	0	4	76
4	0	5	36	5	0	5	95
4	1	0	17	5	1	0	33
4	1	1	21	5	1	1	46
4	1	2	26	5	1	2	63
4	1	3	31	5	1	3	84
4	1	4	36	5	1	4	110
4	1	5	42	5	1	5	130
4	2	0	22	5	2	0	49
4	2	1	26	5	2	1	70
4	2	2	32	5	2	2	94
4	2	3	38	5	2	3	120
4	2	4	44	5	2	4	150
4	2	5	50	5	2	5	180

续表 29-3

接种量(mL)			总大肠菌群(MPN/100 mL)	接种量(mL)			总大肠菌群(MPN/100 mL)
10	1	0.1		10	1	0.1	
4	3	0	27	5	3	0	79
4	3	1	33	5	3	1	110
4	3	2	39	5	3	2	140
4	3	3	45	5	3	3	180
4	3	4	52	5	3	4	210
4	3	5	59	5	3	5	250
4	4	0	34	5	4	0	130
4	4	1	40	5	4	1	170
4	4	2	47	5	4	2	220
4	4	3	54	5	4	3	280
4	4	4	62	5	4	4	350
4	4	5	69	5	4	5	430
4	5	0	41	5	5	0	240
4	5	1	48	5	5	1	350
4	5	2	56	5	5	2	540
4	5	3	64	5	5	3	920
4	5	4	72	5	5	4	1 600
4	5	5	81	5	5	5	>1 600

方法二　滤膜法

滤膜是一种微孔薄膜(孔径 0.45 μm),将水样注入已灭菌的放有滤膜的滤器上,经过抽滤可使细菌截留于滤膜上,然后将滤膜贴于品红亚硫酸钠培养基平板上,培养后计数并鉴定滤膜上的紫红色并具金属光泽的菌落,计算出每升水样中含有总大肠菌群数。此法可适用于杂质和大肠菌群较少的水样,操作简单快速。

(1)滤膜的灭菌　将滤膜放于烧杯中,加入蒸馏水,置于沸水浴中煮沸灭菌 3 次。每次 15 min,前两次煮沸后需换水洗涤 2~3 次,以除净所附残留物。

(2)滤器灭菌　用点燃的酒精棉球火焰灭菌,或高压蒸汽灭菌(121℃,20 min)。

(3)滤器安装　用无菌镊子夹取灭菌滤膜边缘处,使其粗糙面向上,贴放于灭菌的滤器上,固定好滤器。

(4)水样过滤　将 100 mL 水样注入滤器滤膜上(如水样含菌数较多,可减少过滤水样量,或将水样稀释),打开滤器阀门,在负压 0.5×10^5 Pa(−0.5 大气压)下抽滤。完毕后，延时约 5 s，关上阀门，取下滤器。

(5)接种与培养　用无菌镊子夹取滤膜边缘，小心取下滤膜，移贴于品红亚硫酸钠培养基平板上(截面向上)，滤膜与培养基之间不得留有气泡，然后将平板倒置于 37℃培养(24±2) h。

(6)结果观察　挑取符合大肠菌群典型特征的菌落进行革兰氏染色。如系革兰氏染色阴性的无芽孢杆菌，则将此菌落再接种于乳糖蛋白胨培养液，经 37℃培养 24 h，产酸产气者，则可判定为大肠菌群阳性。

(7)结果报告　计数滤膜上数出的总大肠菌群菌落数，报告 100 mL 水样中的总大肠菌群数。计算公式如下

$$总大肠菌群数(cfu/100\ mL)=\frac{数出的总大肠菌群菌落数\times 100}{过滤的水样体积(mL)}$$

注：一个滤膜上生长的菌落数不应超过 60 个，否则，过于稠密难以准确计数。

五、作业与思考题

1. 将实验结果分别填入表 29-4 至表 29-7 中。

(1)自来水细菌总数测定结果。

表 29-4　自来水细菌总数测定结果

平板	菌落数(个/皿)	细菌总数(cfu/mL)
1		
2		
3		
CK		

(2)天然水细菌总数测定结果。

表 29-5　天然水细菌总数测定结果

稀释度	10^{-1}			10^{-2}			10^{-3}		
平板	1	2	3	1	2	3	1	2	3
菌落数(个/皿)									
平均菌落数(个/皿)									
计算方法									
细菌总数(cfu/mL)									

(3)水中大肠菌群测定——多管发酵法。

表 29-6 水中大肠菌群测定结果(多管发酵法)

初发酵实验			证实实验	
发酵管数	取样数(mL)	产酸产气管数	复发酵管数	阳性管数
5	10.0			
5	1.0			
5	0.1			
总大肠菌群数(MPN/100 mL)				

(4)水中大肠菌群测定——滤膜法。

表 29-7 水中大肠菌群测定结果(滤膜法)

滤膜培养实验	乳糖蛋白胨发酵证实实验	
疑似大肠菌群数(cfu/滤膜)	乳糖蛋白胨发酵管数	阳性管数
总大肠菌群数(cfu/100 mL)		

2.为什么大肠菌群可作为水源污染的指示菌?

3.判别大肠菌群的依据是什么?

4.试设计一个监测某自来水厂水质卫生状况的实验方案。

实验三十　活性污泥菌胶团及生物相观察

活性污泥是污水活性污泥处理系统的反应工作主体，是由细菌、微型动物为主的微生物与悬浮物质、胶体物质混杂在一起所形成的絮状体颗粒。良好的活性污泥具有很强的吸附分解有机物的能力和良好的沉降性能。

一、实验目的

1. 观察活性污泥的微生物种类及性状。
2. 测定污泥沉降比。
3. 初步判断污水处理的运行状况是否正常。

二、实验原理

菌胶团是由各种细菌及细菌所分泌的黏液物质（多糖、多肽类物质）组成的絮凝体状团粒，构成活性污泥絮凝体的核心。活性污泥性能的好坏，主要可根据所含菌胶团多少、大小及结构的紧密程度来确定。只有在菌胶团发育良好的条件下，活性污泥的絮凝、吸附、沉降等性能才能得到正常的发挥。

活性污泥生物相较为复杂，以细菌和原生动物为主。能在一定程度上反映出曝气系统的处理质量及运行状况。当环境条件（如进水浓度及营养、pH 值、有毒物质、溶氧、温度等）变化时，生物相也会随之发生变化。当固着型的纤毛虫如钟虫、累枝虫等出现且数量较多时，说明活性污泥成熟且活性良好；当草履虫、尾滴虫等出现时，说明活性污泥结构松散，出水水质差；线虫出现说明缺氧。因此通过观察活性污泥絮绒体及其生物相，可初步判断生物处理系统运转是否正常。

三、实验材料与用品

活性污泥：取自污水处理厂曝气池。

器皿及材料：100 mL 量筒、载玻片、盖玻片、滴管、镊子等。

仪器与设备：光学显微镜。

四、实验内容与方法

1. 测污泥沉降比(SV30) 肉眼观察，取曝气池的混合液置于100 mL量筒内，直接观察活性污泥在量筒中呈现的絮绒体外观，记录30 min沉降体积。

2. 观察活性污泥生物相

(1)制备水浸片 取活性污泥混合液1～2滴滴于载玻片上，加盖玻片制成水浸标本片。

(2)低倍镜观察 观察生物相的全貌，要注意污泥结构松紧程度，菌胶团和丝状菌的比例及生长状况，观察微型动物的种类及活动状况。

①污泥絮粒 污泥絮粒性状是指污泥絮粒的形状、结构、紧密度及污泥中丝状菌的数量。镜检时可把近似圆形的絮粒称为圆形絮粒，与圆形截然不同的称为不规则形状絮粒。絮粒中网状空隙与絮粒外面悬液相连的称为开放结构；无开放空隙的称为封闭结构。絮粒中菌胶团细菌排列致密，絮粒边缘与外部悬液界限清晰的称为紧密的絮粒；边缘界线不清的称为疏松的絮粒。

②丝状微生物 活性污泥中的丝状菌数量是影响污泥沉降性能最重要的因素。当污泥中丝状菌占优势时，可从絮粒中向外伸展，阻碍了絮粒间的浓缩，使污泥SV30值(曝气池混合液在量筒静止沉降30 min后污泥所占的体积百分比)和SVI值(污泥体积指数，指曝气池混合液经30 min静沉后，相应的1 g干污泥所占的容积)升高，造成活性污泥膨胀，根据污泥中丝状菌与菌胶团细菌的比例，可将丝状菌分成如下五个等级：

0级：污泥中几乎无丝状菌存在；

±级：污泥中存在少量丝状菌；

+级：存在中等数量的丝状菌，总量少于菌胶团细菌；

++级：存在大量丝状菌，总量与菌胶团细菌大致相等；

+++级：污泥絮粒以丝状菌为骨架，数量超过菌胶团而占优势。

(3)高倍镜或油镜观察 鉴别丝状微生物的种类，常见丝状微生物的形态特征如下：

①球衣菌 由许多圆柱形细胞排列成链，外面包围一层衣鞘形成丝状体。单个细胞的大小相差很大，尤其是长度，可以相差几倍。单个菌体可自衣鞘游出，活泼运动或黏附于鞘外。

②贝氏硫菌 具无色而宽度均匀的丝状体，与球衣菌不同的是外面无衣鞘，各丝状体分散不相连接，丝状体由圆柱形细胞紧密排列而成，有时可见硫粒。丝状体不固着于基质上，可呈匍匐状滑行。菌丝扭曲，穿插匍匐滑行于污泥之中。

③发硫细菌　亦呈丝状体，其基部有吸盘，能使菌丝固着于物体上生长。菌丝外包有衣鞘，由于鞘薄且紧裹于菌体外，故一般镜检时不可见。丝状体内菌体细胞排列松散，两细胞之间存在一定距离时，在细胞缺位上可辨认出衣鞘的存在。

④霉菌　霉菌菌丝有隔膜和分支，而且较丝状细菌的丝状体粗。有的霉菌优势生长也可引起污泥膨胀。

(4)鉴定动物种类　在高倍镜下画出动物种类的形态草图，同时注意观察原生动物的形态特征和运动方式，如钟虫体是否存在食物泡，纤毛环的摆动情况。鉴别原生动物、后生动物的种类，常见原生动物、后生动物的形态特征如下。

活性污泥中原生动物：

①鞭毛虫类　单细胞个体，具1～4根鞭毛，有卵圆形、椭圆形、杯形、双锥形及多角形等，通常在活性污泥培养初期或处理效果很差时大量出现，常见的种有尾波多虫、跳腹滴虫、活跃尾滴虫、领鞭毛虫等。

②肉足虫类　原生质体赤裸，体表没有加厚的膜或壳。有细胞质组成的伪足，可以伸缩变形，具有摄食和运动机能。细胞分化为内质和外质，外质透明，内质泡状或颗粒状。个体大小可由几微米到几百微米。水处理系统中常见的有变形虫、表壳虫等。

③纤毛虫类　纤毛虫是原生动物中进化到高一级的类群，结构较为复杂，分化最多。核一般分化为大核和小核，大部分纤毛虫有摄食胞器。纤毛是其运动器官，纤毛与鞭毛的区别是纤毛短而数目多，运动时节奏性强，纤毛的多少和分布位置不同，周生于表面，或部分体表着生着许多纤毛。纤毛虫类可分为游动型纤毛虫和固着型纤毛虫两类。游动型纤毛虫：可自由游动于水中或匍匐爬行在杂质中，其中常见的有草履虫、漫游虫、楯纤虫、肾型虫。固着型纤毛虫：主要是钟虫类生物，虫体形状如倒挂金钟，有一尾柄，固着在其他生物或杂质上，可以单生如钟虫属，也可以群体形式存在，各个体尾柄相连，如独宿虫属、聚宿虫属、累枝虫属等。

④吸管虫类　亦为固着型原生动物，有一个柄着生于固体物或活性污泥上。具有长短不等的吸管，在虫体上作放射排列，吸管与虫体细胞质相连。当水中其他生物，如自由游动的纤毛虫碰上吸管时，就会被粘住，虫体通过吸管吮吸这些动物的汁液。

活性污泥中的后生动物：

①轮虫　为多细胞后生动物，身体前端有两个纤毛环，其上的纤毛经常摆动，有游泳和摄食的功能。在口腔或口管下面的咽喉部分膨大而形成咀嚼囊，内有一套较复杂的咀嚼器可以伸出口外捕食。

②颤体虫　活性污泥中体形最大，分化最高级的多细胞动物，在低倍镜下常不

能见其全貌。身体有节，节间有刚毛伸出，体表具有带色泽的斑点。

③线虫　身体细长，其横切面呈圆形，可靠身体作蛇形扭曲而运动。

图 30-1 所示为常见原生动物和后生动物。

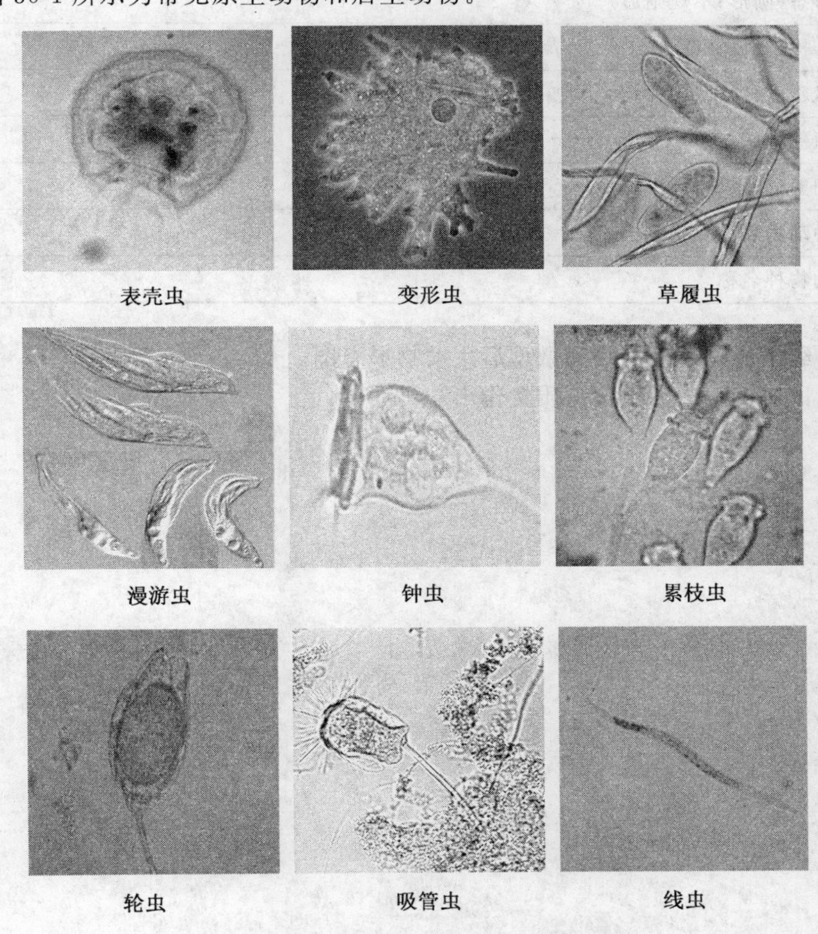

图 30-1　常见原生动物和后生动物

五、作业与思考题

1. 将镜检结果填入表 30-1 中。

表 30-1 活性污泥的镜检结果记录

镜检内容	结果描述
絮体形态(圆形;不规则形)	
絮体结构(开放;封闭)	
絮体紧密度(紧密;疏松)	
丝状菌数量(0;±;+;++;+++)	
游离细菌(几乎不见;少;多)	
优势种动物名称及状态描述	
其他动物种名称	

2. 绘出所见原生动物和微型后生动物形态图。

3. 试对污水厂活性污泥质量作出初步评价。

实验三十一　自生固氮菌的分离与纯化

自生固氮菌是指在土壤中能够独立进行固氮的细菌,它们在常温常压条件下,通过其体内固氮酶的作用,把空气中的氮固定下来形成氨,成为微生物细胞内的氮素。当微生物细胞死亡后,它们被释放出来,成为植物可利用的氮源物质,从而使土壤中的氮元素增加。研究固氮微生物对于提高土壤肥力具有非常重要的意义,本实验将学习如何从土壤中分离自生固氮菌。

一、实验目的

1.了解从土壤中分离自生固氮菌的原理。
2.学习从土壤中分离自生固氮菌的方法。

二、实验原理

农田的表层土壤中,自生固氮菌的数量比较多。要分离自生固氮菌,常用阿须贝(Ashby)培养基,它是一种无氮选择性培养基。在这种培养基上,由于自生固氮菌能利用空气中的游离氮合成自身需要的含氮有机物,才能生长繁殖。用这种方法,可以将自生固氮菌从土壤中分离出来,然后通过稀释法和划线分离纯化,使它在培养基上形成单菌落。自生固氮菌大多数是杆菌或短杆菌,单生或对生。经过两三天的培养,成对的菌体常呈"8"字形排列,并且外面有一层厚厚的荚膜。

三、实验材料与用品

土壤样品:新鲜菜园土,20 目样品筛过筛后备用。
培养基:阿须贝无氮培养基。
器皿及材料:无菌培养皿、无菌水、无菌玻璃棒、接种环、镊子、酒精灯、火柴等。
仪器与设备:恒温培养箱。

四、实验内容与方法

1.将已融化并冷却至 50℃左右阿须贝无氮培养基制成平板。

2. 取一灭菌培养皿，放入少量新鲜菜园土，加入适量的无菌水，用无菌玻璃棒搅拌成均匀泥浆。然后用无菌接种环蘸取少许泥浆，轻轻地点接在阿须贝无氮培养基表面，每培养皿可点接 10～20 处。

也可用已灭菌的镊子取绿豆粒大小的菜园土摆放在已冷凝的平板培养基表面，每培养皿可摆放 10～20 处。

3. 将接过种的培养皿放入恒温箱内，在 28℃ 的温度下培养 3～4 d。

4. 培养结束后，取出培养皿，仔细观察培养基上泥浆或土粒周围长出的半浑浊或透明的胶状菌落。菌落初为无色透明，以后为乳白色，最后变成褐色，表明含有自生固氮菌。

5. 划线分离纯化。用接种环挑取上述菌苔少许，在阿须贝无氮培养基平板上进行划线分离，在 28℃ 的温度下培养 4 d。平板上出现单菌落，根据菌落特征并结合染色镜检判断是否为纯菌株，如一次划线不能获得纯菌株，可连续进行数次，直到获得纯菌株。最后将纯菌株转入试管斜面保存。

五、作业与思考题

1. 将分离到的自生固氮菌的菌落特征填入表 31-1 中。

表 31-1 自生固氮菌菌落特征观察记录

菌株编号	形状	大小	表面	透明度	颜色	高度	边缘

2. 分离自生固氮菌为什么要选用无氮培养基？采用有氮源物质的培养基能分离到自生固氮菌吗？为什么？

3. 采用阿须贝无氮培养基分离自生固氮菌，在该培养基上生长的微生物都是自生固氮菌吗？为什么？

实验三十二　豆科植物根瘤菌的分离

根瘤菌是一类需氧的化能异养细菌，在分类上归属于变形杆菌门的根瘤菌目。细胞呈杆状，常含许多折光性聚 β-羟基丁酸盐颗粒（PHB 颗粒，贮藏性物质），使细胞染色不均匀，有时呈环节状。它是一类能与豆科植物共生形成根瘤，并将空气中的氮转变为氨的革兰氏阴性细菌。根瘤菌在其生活史中表现出形态多样性，根瘤中的根瘤菌在形态上与培养基上生长的根瘤菌有很大的区别，形态不规则，呈棒状、T 形和 Y 形，这些变形的菌体称为类菌体，具有固氮功能。

进行根瘤菌的研究，以及选育高效根瘤菌进行生产应用，都需要有根瘤菌的纯培养物，获得根瘤菌纯培养的最简便方法是从根瘤中分离。

一、实验目的

1. 观察豆科植物根瘤的形态及分布部位。
2. 学习并掌握根瘤菌分离的基本原理和方法。
3. 观察了解根瘤菌菌体和菌落形态特征。

二、实验原理

由于根瘤菌在根瘤中的数量最多，所以在分离材料上我们可选择根瘤。根瘤菌分离的基本原理与从土壤中分离微生物基本一致，即将分离样品进行一定方式的稀释，最终使其能够在培养基表面形成单菌落，达到分离的目的。

根瘤表面杂菌众多，分离培养的技术关键在于除去表面杂菌。另外，根据根瘤菌的特性，我们可在分离培养基中加入结晶紫（结晶紫不抑制根瘤菌生长），抑制杂菌生长，以保证根瘤菌生长繁殖。因为划线法较简单，本实验选择划线法。

三、实验材料与用品

植物根瘤：新鲜的豆科植物根系（如花生、大豆等），要求根系较完整。选择主根上发育健壮、饱满，根瘤内部呈鲜艳粉红色的根瘤。

培养基：甘露醇酵母汁培养基（含 10 mg/L 结晶紫）。

染色液：革兰氏染液。

器皿及材料：95％酒精、0.1％升汞（$HgCl_2$）溶液、无菌培养皿、无菌水、剪刀、镊子、载玻片、香柏油、二甲苯、酒精灯、75％消毒酒精瓶、接种环、擦镜纸、火柴等。

仪器与设备：光学显微镜。

四、实验内容与方法

1.根瘤菌的分离

（1）将结晶紫甘露醇酵母汁琼脂培养基融化，制备平板，凝固后待用。

（2）清水洗净植物根系，用剪刀剪下健壮的内部呈粉红色的根瘤5～8个，剪时稍带一段根，以免损伤根瘤。

（3）将剪下的根瘤浸在95％酒精中2～3 min，然后转入0.1％升汞溶液中浸3～5 min（视根瘤大小而定）。用无菌水浸洗4～6次，浸洗时振荡，每次5 min。

上述过程均可在无菌培养皿中进行。

（4）用尖端灼烧灭菌的镊子取出一个根瘤于一无菌培养皿内，用力压破，然后用压破的一面直接在琼脂平板培养基表面划线。也可用灼烧灭菌的接种环，蘸取压碎根瘤的黏液在琼脂平板培养基表面划线。

（5）划线完毕后，倒置平板，置28～30℃下培养，快生型根瘤菌需培养4～5 d，慢生型根瘤菌需培养7～10 d。培养结束后，取出平板观察结果。

根瘤菌的菌落一般为圆形、灰白、黏稠的菌落。

2.根瘤菌的纯化　根据单菌落的形态特征，结合涂片染色镜检的结果判断是否为纯菌株，如含有杂菌，需进行数次纯化，直至获得纯菌株。因为根瘤菌的菌苔黏稠，采用稀释平板法效果较好。

3.根瘤中类菌体的观察　用灭菌的镊子取出一个表面灭菌的根瘤，压碎。用灭菌的接种环挑取几环根瘤压碎后挤出的汁液均匀涂抹在载玻片上，制成涂片，风干后固定，经革兰氏染色，在油镜下观察菌体形态、大小和革兰氏染色结果。

五、作业与思考题

1.绘图表示你所观察到的根瘤菌类菌体的菌体特征，说明革兰氏染色的结果。

2.为什么在根瘤菌的分离培养基里添加结晶紫？

3.怎样根据根瘤的表观形态来初步判定根瘤的活性？

实验三十三　豆科植物根瘤菌的结瘤实验

初次从根瘤中分离得到的根瘤菌，必须通过结瘤实验验证。结瘤实验是根瘤菌研究的基本技术之一，通过结瘤实验，不但可以验证分离物是否为根瘤菌，同时也可以明确它的寄主范围，特别是为生产应用选育高效根瘤菌时，更要将分离获得的纯种菌株接种到豆科植物上，通过对菌株浸染力和有效性进行对比后方能确定其应用价值。

一、实验目的

1. 学习并掌握根瘤菌回接豆科植物并结瘤的基本原理和方法。
2. 初步观察了解豆科植物根瘤的结瘤过程和形态特征。

二、实验原理

共生关系是豆科植物和根瘤菌之间的基本关系之一，主要包括两个特点：一是侵染力，即根瘤的形成能力；二是有效性，即共生固氮的能力。结瘤实验其实质就是利用了这两个特点，将根瘤菌菌株回接到原宿主植物上，并判断它的侵染力和有效性，即判断菌株能否在植物根系上形成根瘤并共生固氮。

每一种根瘤菌都有其一定宿主范围，结瘤实验的技术核心在于：①保证宿主植物仅与特定根瘤菌接触，所以，必须消灭种子及实验设备中可能带有的其他根瘤菌及杂菌；②保证供试植物的健康生长，所以必须为宿主植物提供充分的光照和养分。接瘤实验除了必需的特殊装置外，一般要在条件适宜的温室中进行。

结瘤实验方法多样，如砂培法、琼脂试管培养法和水培法等。砂培法是采用珍珠岩或蛭石作为栽培基质，优点是对栽培植物的生长有一定的支撑，缺点是不能观察到根瘤的形成过程；琼脂试管培养法是以琼脂作为栽培的基质，对栽培植物的生长有一定的支撑，也可以观察到根瘤的形成过程，但该方法不适宜个体较大植物的栽培；水培法不采用任何栽培基质，缺点是对栽培植物的生长没有支撑，优点是可以观察到根瘤的形成过程。

三、实验材料与用品

菌株:从根瘤中分离到的待回接菌株。

植物种子:各种豆科植物种子,当年采收的新鲜种子为宜。

无氮营养液:配方:$Ca(NO_3)_2$ 0.03 g、$CaSO_4$ 0.46 g、$K_2HPO_4 \cdot 3H_2O$ 0.136 g、$MgSO_4 \cdot 7H_2O$ 0.06 g、KCl 0.075 g、柠檬酸铁 0.075 g、微量元素液 1 mL、水 1 000 mL。121℃灭菌 30 min。

微量元素液配方:H_3BO_3 2.86 g、$MnSO_4$ 1.81 g、$ZnSO_4$ 0.22 g、$CuSO_4$ 0.80 g、H_2MoO_4 0.02 g、蒸馏水 1 000 mL。

器皿及材料:25 mm×250 mm 试管、250 mL 或 500 mL 试剂瓶、灭菌培养皿、圆形滤纸片、0.1%升汞溶液、95%酒精、珍珠岩或蛭石等。

四、实验内容与方法

(一)结瘤实验装置准备

1.砂培法　采用 250 mL 或 500 mL 试剂瓶,瓶中装满珍珠岩或蛭石,瓶口包上牛皮纸,121℃灭菌 1 h 备用,播种前加入无氮营养液。砂培法一般用于大豆、花生、菜豆等较大植物的结瘤实验。

2.琼脂试管培养法　一般选用 25 mm×250 mm 的大试管。在无氮营养液中加入 0.75%~1.0%的琼脂,融化后分装试管,121℃灭菌 30 min,摆成斜面备用。琼脂试管培养法适用于紫云英、苜蓿等个体较小植物的结瘤实验。

3.水培法　采用 250 mL 或 500 mL 试剂瓶,瓶口上加一个金属制或塑料的有孔瓶盖,瓶口包上牛皮纸,121℃灭菌 30 min 备用,播种前加入无氮营养液。水培法一般用于大豆、花生、菜豆等较大植物的结瘤实验。

(二)操作方法过程

1.种子表面消毒　将豆科植物种子在酒精浸泡 5 min,倒去酒精。加入 0.1%升汞溶液再浸泡 5 min。最后用无菌水洗 4~6 次,洗时需不停摇荡,每次 5 min(硬皮种子可先用浓硫酸处理 5~10 min)。

2.种子催芽　视种皮吸水能力而定。如种皮不易吸水,需将种子在无菌水中浸泡 2~3 h。然后,将消毒的种子点种在琼脂表面,或浸湿灭菌滤纸片上,在 25~36℃催芽数天。如果是用砂培或琼脂试管培养,种子露出根尖即可播种,如果采用水培法,种子的根需达到 2~3 cm 长,播种时,根必须能够接触到液面。

3.接种和播种　根瘤菌的新鲜培养物,用无菌水制成悬液。在灭菌平皿放入已经催芽的种子,加入根瘤菌悬液,使种子表面蘸上根瘤菌,保持 30~60 min,然后进行播种。也可在播种后，待植物长出第一片真叶后接种，砂培和水培接种 1～5 mL 菌悬液，琼脂试管培养接种 0.1～0.2 mL 菌悬液。同时设不接种的为对照。

4. 培养和结瘤观察　于光照培养箱或光照室（控温 22～24℃，光照强度 2 700～3 000 lx，光照时间每天 10～12 h）培养。培养期间及时补充无菌营养液。

琼脂试管培养和水培的植株可直接观察到结瘤的情况，砂培植株需取出植株，洗去珍珠岩或蛭石后观察。一般情况下，接种 10 d 左右可以观察到根瘤的形成。

5. 结果检查　为了观察根瘤的有效性，可在播种后 30～45 d 时结束实验。检查时，小心将植株从培养容器中取出，勿损伤根系，并仔细洗净根系。记录结瘤的情况。

五、作业与思考题

1. 比较接种根瘤菌与不接种根瘤菌植物根系的差别，记录实验结果。
2. 如何判断形成的根瘤是有效根瘤，还是无效根瘤？

实验三十四　食用菌母种、原种和栽培种的制作

在大规模的食用菌栽培生产中，栽培主要经历了一级种、二级种、三级种和栽培生产四个阶段。一级种即母种，母种多用试管斜面培养，因此又称试管种。二级种即原种，多采用三角瓶培养。三级种即栽培种，是由原种接种到木屑、棉籽壳等培养物上，作为大规模生产菌种使用，多采用塑料袋作为容器。

一、实验目的

1.了解食用菌栽培技术。

2.学习食用菌母种、原种和栽培种的制作和接种技术。

二、实验原理

食用菌的母种是经组织分离、孢子分离或基内菌丝分离而得到的菌丝体。母种常用于菌种的分离、纯化、扩大、转管和菌种保藏；原种即是把培养好的优良母种菌丝体，移接到谷粒、木屑、粪草或棉籽壳等原料制成的培养基上，使其进一步扩大繁殖，这样的菌种叫原种。原种可以直接用于栽培，但主要用作繁殖栽培种；栽培种是由原种进一步扩大繁殖而成的，它的制作方法基本上与原种相同。栽培的菇类不同，制备原种与栽培种所用培养基亦不同。

三、实验材料与用品

分离材料：新鲜的食用菌子实体。

培养基：马铃薯培养基斜面、麦粒培养基、棉籽壳培养基。

器皿及材料：接种工具（接种铲、接种钩、接种环、接种刀、接种勺）、酒精灯、记号笔、标签纸、棉塞、75％消毒酒精瓶、火柴、镊子、手术刀等。

仪器与设备：天平、恒温培养箱、灭菌锅、超净工作台。

四、实验内容与方法

(一)母种的制作

母种是经组织分离、孢子分离或基内菌丝分离而得到的菌丝体,这里我们介绍组织分离和孢子分离制作母种的方法。

1.组织分离法　组织分离法(tissue isolation)是利用子实体内部组织(菌盖、菌柄)、菌核或菌索来分离获得纯菌种的方法。

(1)伞菌类子实体组织分离法　选取健壮、饱满、无病虫的食用菌子实体作为组织分离材料,以幼菇(六七分成熟)为好,此时它的组织再生能力强,材料老熟的子实体建议不予采用。

分离在无菌条件下进行。先用酒精棉球将手擦拭消毒,再用镊子夹取酒精棉球将子实体正、反面消毒。用手将菌柄撕开,但手千万不得接触撕裂面,以避免杂菌污染。将解剖刀或接种钩经酒精灯火焰灭菌后,从子实体撕裂面上钩取绿豆粒大小的一块组织移至母种试管斜面培养基。塞好棉塞,注明菇种、分离日期及地点。

(2)胶质菌类子实体分离法　银耳、黑木耳等胶质菌,耳片薄、质地韧,同时菌丝含量少,组织分离难度大,胶质菌类不同种的分离方法也稍有不同。

黑木耳　选生长良好的耳片反复用无菌水冲洗后,放入无菌培养皿中,用无菌刀片将其切成 0.5 cm^2 左右的小块,然后用接种钩将其移入平板培养基上,置28～30℃温度下培养。待长出菌丝后,用接种钩挑取菌落中纯净的菌丝体,接入试管斜面培养基上培养,待菌丝长满试管斜面,即可保存进行出耳实验。

银耳　挑选朵形正常、生长健壮、无病虫害、八九分成熟的银耳子实体,用无菌解剖刀将子实体切开,将银耳胶质团内的组织切成黄豆粒大小的组织块,再用无菌接种钩将组织块钩出,放入平板培养基上,置 23～25℃温箱中培养。待菌丝长出后,用接种钩挑取尖端菌丝,移入试管斜面培基上培养。

(3)菌核组织分离　一些药用菌如茯苓、猪苓、雷丸等都是菌核,分离方法如下。

菌核应选取个体较大、饱满健壮、无病虫的新鲜个体作为分离材料。将菌核冲净、揩干,在无菌条件下,用无菌解剖刀把菌核对半切开,在近菌核表皮附近处用接种刀挑取玉米粒大的一块组织移接至马铃薯琼脂培养基斜面上,置于 25～28℃条件下培养。待组织块长出菌丝后进一步纯化,即用接种钩挑取纯净菌丝体,移入试管斜面培养基中,当菌丝长满整个试管斜面,无杂菌污染即可保存和做出菇实验。

2.孢子分离法　孢子分离法(spore isolation)是用食用菌成熟的有性孢子(担

孢子或子囊孢子)萌发培养成菌丝体而得到菌种的方法。

孢子分离又可分为多孢分离和单孢分离。对于香菇、平菇等异宗结合的菇类,为避免产生单孢不孕现象,必须采用多孢分离法。单孢分离法主要用于杂交育种的研究。

(1)多孢分离法　多孢分离法有贴附法、钩悬法、孢子印分离法、种菇播种法、菌褶抹孢法等,本实验介绍贴附法、钩悬法和孢子印分离法。

A. 贴附法

①将接种钩在酒精灯上灼烧,然后迅速插入斜面培养基的中间位置,使产生的水蒸气冷凝到试管壁上。再用接种钩钩取一小片刚破膜的成熟菌褶,贴附于与斜面相对应的试管内壁上,并使试管斜面朝上,平放在培养箱内,过数小时后,在试管斜面上就落下了许多孢子。

②在无菌条件下,用接种钩将贴附在试管壁上的菌褶取出,并用接种环将孢子涂散,使其均匀分布在整个试管斜面上。

③将试管放入25℃温箱中培养1～2周,观察菌丝生长情况。选菌丝纯洁、粗壮、生长旺盛的试管进行保存或做出菇实验。

该法操作简单易行,分离效果好。

B. 孢子印分离法

①选择个体健壮、朵形正常、外表清洁、无病虫害、八分成熟的种菇。如有外菌幕或内菌幕的种菇,应选择将要破膜的子实体做种菇。

②取种菇1个,用灭菌的解剖刀从菌盖下1.0～1.5 cm处切去下部菌柄。

③用酒精棉球对菇体表面进行充分的擦拭消毒。

④在接种箱或接种室内,以无菌操作方法将灭菌钟罩打开1个侧缝,将种菇的菌褶朝下,放置于灭过菌的纸上(黑、红、白等,根据需要决定),适温下保持12～20 h,大量孢子弹射在灭菌纸上形成孢子印(孢子印颜色因种而异)。

⑤用接种钩挑取少量的孢子,置于无菌水试管内做成孢子悬液,取少量孢子悬液,滴在试管斜面上,在25℃温箱中培养1～2周,观察菌丝生长情况。

⑥选取生长旺盛、粗壮的菌丝进行转管培养。

C. 钩悬法　木耳和银耳等孢子分离常用此法。

①在300～500 mL三角瓶内,装入50 mL马铃薯琼脂培养基,瓶口处垂挂一根"S"形的铁丝钩,塞上棉塞进行高压蒸汽灭菌,冷却后将三角瓶放入30℃温箱中培养2～3 d,使培养基表面的冷凝水蒸发,备用。

②将待分离的新鲜耳片在无菌水中冲洗3次。

③在无菌室内用无菌滤纸将耳片上的水吸干,如耳片太大,可用灭菌刀片切去

一部分，然后将耳片钩悬在“S”形钩子上，子实层面朝下放入三角瓶内，使耳片离培养基表面 2～3 cm(勿使耳片碰到三角瓶壁)，并将三角瓶移到有散射光的地方，在 18～25℃下培养数小时，即有很多孢子散落在培养基表面上。

④取出耳片，将三角瓶置于 28～30℃的温箱中培养，待孢子萌发后，将萌发的孢子带着培养基块移入新的试管斜面培养基内，继续进行培养，待长出纯净、洁白的菌丝后即视为分离成功。

伞菌、非褶菌类进行孢子分离时，也可采用此法。

(2)单孢分离法　为了进行杂交育种，需从多孢子中挑选出单个孢子，在人工控制下使两个优良品种的单孢子进行杂交，从而培养出理想的新菌株。从许多孢子中挑出单个孢子，一般需用单孢分离器。如无单孢分离器，也可采用平板稀释法、连续稀释法、划线分离法等。

A. 平板稀释法

①用接种钩挑取少量孢子放在无菌水中，充分摇匀制成孢子悬液。

②吸几滴孢子悬液于马铃薯培养基上，用无菌玻璃刮铲涂布均匀。

③28～30℃温箱中培养 48～72 h，用低倍镜观察培养皿背面，在萌发的单个孢子旁做好标记。

④继续培养至形成小白点，用接种钩挑取小白点至斜面培养基上。

⑤继续培养至形成纯净、洁白的菌丝后，再检查是否有锁状联合，以确定是否为单核菌丝。

B. 连续稀释法

①用接种钩挑取少量孢子于 10 mL 无菌水中，充分摇匀制成孢子悬液。

②取 1 mL 孢子悬液于 9 mL 无菌水中，进行 10 倍稀释。依此类推，稀释至在低倍镜视野中，每滴悬液只有 1～2 个孢子。

③吸 1 滴孢子悬液滴于马铃薯斜面培养基上。

④28～30℃培养至形成纯净、洁白的菌丝后，检查是否有锁状联合，以确定是否为单核菌丝。

母种质量检查：通过培养，在试管斜面上长出洁白、粗壮的菌丝体，说明接种成功。若在试管斜面上出现有光泽、黏液状培养物或呈黄、绿、灰、黑等毛状物时，即是污染，不能使用。

(二)原种的制作

原种即二级种，就是把培养好的优良母种菌丝体，移接到谷粒、木屑、粪草或棉籽壳等原料制成的培养基上，使其进一步扩大繁殖制成的培养物。原种可以直接用于栽培，但主要用于繁殖栽培种。

不同的菇类,所采用的原种培养基亦不同。一般草腐菌(如双孢蘑菇、草菇等)可用粪草原料配成;木腐菌(香菇、平菇等)可用木屑或棉籽壳加麦麸或米糠为主要原料来配制;谷粒种适用于大多数食用菌生长。随着食用菌生产的发展,用作原种培养基的配方越来越多,原料也越来越广泛。本实验中介绍以麦粒和棉籽壳为原料制作原种

1. 麦粒种的制作方法

①按制种需要量称取麦粒、石膏粉和碳酸钙(麦粒种配方:麦粒 98%,石膏粉 1%,碳酸钙 1%)。

②将称好的麦粒倒入盆内,用清水清洗几次,去掉杂质,再用清水浸泡 16~24 h,使麦粒充分吸水,但不过分膨胀和不开口为宜。

③将浸泡好的麦粒放在锅内,加水浸过麦粒,煮沸。边煮边搅拌和检查,一直煮到麦粒内无白心,但不可将种皮煮破。完成后将煮好的麦粒捞出沥干,此时麦粒含水量在 55%~60%。

④将沥干的麦粒放在盆内,然后将称好的石膏粉和碳酸钙倒入盆中搅拌均匀。

⑤将拌匀的培养料装入菌种瓶或菌种袋中,装料要均匀,装至瓶肩处或菌种袋的 2/3 处。装好瓶后,用棉塞塞住瓶口或用透气膜包住瓶口,再包一层防潮纸(或牛皮纸),用线绳将瓶口扎好,126℃(0.14~0.15 MPa)灭菌 1.5~2.0 h。

⑥以无菌操作方式接入母种。一般 1 管母种可接 4~5 瓶(袋)原种。

⑦接种后的原种瓶(袋)送到所需温度的培养箱或培养室内培养。

⑧培养过程中经常检查有无杂菌污染,发现污染瓶(袋),立即挑出,灭菌淘汰。生长好的原种菌丝洁白、粗壮、纯净,可用来扩大繁殖栽培种。

2. 棉籽壳原种的制作方法

①按制种需要量称取棉籽壳、麦麸或米糠、过磷酸钙和蔗糖(棉籽壳原种配方:棉籽壳 78%,麦麸或米糠 20%,过磷酸钙 1%,蔗糖 1%)。

②先将棉籽壳和麦麸混合在一起,过磷酸钙和糖溶在拌料用的水中。拌料时,边加水边搅拌,边测试含水量。

③含水量的测定。拌料后,用手抓一把培养料,捏在手中紧握,手指缝中有水印但以水不往下滴为适,此时含水量 62%~64%。若含水量不足,可再加少量的水,充分搅拌均匀,再检测,直至含水量合适为止。

④将拌好的培养料装入原种瓶(袋)中,边装边压实(但不得过紧),装量至瓶肩处或菌种袋的 2/3 处为宜。

⑤用锥形木棒从瓶或袋中央向下打 1 个洞,洞深距底部 2~3 cm。这样可以使瓶(袋)的下部培养料通气良好,有利接种后菌丝迅速向培养料中蔓延。

⑥用棉塞塞住瓶口或用透气膜包住瓶口，再包一层防潮纸（或牛皮纸），用线绳将瓶口扎好，126℃（0.14～0.15 MPa）灭菌 1.5～2.0 h。

⑦以无菌操作方式接入母种，接种后的原种瓶（袋）送到所需温度的培养箱或培养室内培养。

⑧培养过程中经常检查有无杂菌污染，发现污染瓶（袋），立即挑出，灭菌淘汰。生长好的原种菌丝洁白、粗壮、纯净，可用来扩大繁殖栽培种。

原种质量检查：无论麦粒原种还是棉籽壳原种，接种后在 25℃左右培养 20～40 d，菌种即可长满瓶。品质优良的原种，菌丝洁白、纯净、有食用菌特有的香味。若出现黄、绿、黑等颜色的毛状物或菌瓶内有酸、臭味道，即是污染杂菌，不能使用。

（三）栽培种的制作

栽培种是由原种进行移接扩大繁殖而成的培养物，它的制作方法基本上与原种相同。菇类不同，制备栽培种所用培养基的成分也有差异，常用的培养料有木屑、棉籽壳、粪草和菇木等，栽培种既可用瓶装，也可以用聚丙烯塑料袋装。袋装具有装量多，便于携带和容易挖（取）菌等优点，但使用塑料袋时要仔细检查，有时塑料袋有沙眼或封口不严，容易污染。

①根据制种需要按各种营养成分的配比称量各种原料（栽培种配方：棉籽壳 78%，麦麸或米糠 20%，过磷酸钙 1%，糖 1%）。

②将棉籽壳和麦麸先混合一起，过磷酸钙和蔗糖等溶在拌料用的水中，搅拌均匀后，泼洒到棉籽壳和麦麸上再搅拌均匀。

③拌料后，用手抓一把培养料，捏在手中紧握，手指缝中有水印但以水不往下滴为适，此时含水量 62%～64%。若含水量不足，可再加少量的水，充分搅拌均匀，再检测，直至含水量合适为止。

④将拌好的培养料装入聚丙烯塑料袋中，边装边压实，一直装到塑料袋容积的 3/5 左右。

⑤装好培养料后，从袋中央用锥形木棒打 1 孔，孔深距袋底部 2～3 cm。

⑥将塑料颈圈或环套套在塑料袋口上，然后将袋口外翻，塞上棉塞。棉塞外面包上一层防潮纸（或牛皮纸），用线绳扎好后，准备灭菌。

⑦由于栽培种数量大，小型灭菌锅不合适，应选用大型立式或卧式电热高压蒸汽灭菌锅。灭菌时按灭菌锅的使用说明进行操作。栽培种由于装量较多且较实，一般要求 126℃（0.14～0.15 MPa）灭菌 1.5～2.0 h。

栽培种也可以采用土法灭菌，如用土蒸灶，土蒸灶通常是用砖砌成，灶的底部安放一个大铁锅（装水用），锅上放置锅屉，供放菌种袋使用。由于土蒸灶是常压灭菌，所以灭菌需 8～10 h。

⑧接种和培养，方法与原种接种相似，以无菌操作方式接入原种，接种后的原种瓶（袋）送到所需温度的培养箱或培养室内（一般比最适生长温度低 2～3℃、空气相对湿度为 60%～70%）培养。

栽培种质量检查：栽培种在培养过程中，应经常检查，遇有污染袋及时捡出处理掉，不得与未污染的菌种袋放在一起。经 30～40 d 的培养后，菌丝长满栽培袋，即可供栽培使用。若菌袋内长出原基，说明菌种已老化，若有黄、绿、黑等杂色斑点或连成片时，说明菌种已污染，不可使用。

五、作业与思考题

1. 综述母种、原种、栽培种在生产上的作用。
2. 试比较组织分离法与孢子分离法的优缺点。
3. 单孢子分离法所得纯菌丝的主要用途是什么？
4. 制作栽培种的技术关键是什么？

实验三十五　平菇袋料栽培及出菇过程观察

平菇在分类上属于担子菌门(Basidiomycota)、层菌纲(Hymenomycetes)、伞菌目(Agaricales)、侧耳科(Plenrotaceae)、侧耳属(*Pleurotus*)。世界上已知侧耳有100多种,侧耳总产量居各种栽培菇类的首位。目前有30多种可供栽培,最常见的是糙皮侧耳(*Pleurotus ostreatus*),英文名为 oyster mushroom。

一、实验目的

1. 学习袋料栽培平菇的方法。
2. 观察平菇的出菇过程和学习出菇过程管理。

二、实验原理

平菇属木腐菌,在自然界多簇生或丛生于杨、柳、榆、栎等阔叶树种的枯木或活树的朽枝上。平菇的生活力强,具有较强分解有机物的能力,可供栽培原料比较广泛,木屑、禾谷类秸秆、棉籽皮等都是栽培平菇的良好的基质。一般而言,这些基质中有机培养料和矿质元素含量丰富,只需添加部分辅料平菇就可以正常生长。常用的辅料有麦麸、细米糠、玉米粉、大豆饼及大豆粉等,添加量为5%～20%。

栽培平菇主要有生料栽培、熟料栽培和发酵料栽培3种。生料栽培指栽培平菇的原料不经高温灭菌的栽培方式;发酵料栽培指栽培平菇的原料经堆置发酵后再用于栽培平菇;熟料栽培是最常用的栽培平菇的方式,即培养料经常压或高压灭菌后,再用于平菇栽培。

三、实验材料与用品

菌种:糙皮侧耳(*Pleurotus ostreatus*)栽培种。

器皿及材料:新鲜棉籽皮、细米糠或麦麸、石膏粉、聚丙烯塑料袋、酒精灯、70%消毒酒精、镊子、接种工具、火柴等。

仪器:高压蒸汽灭菌锅。

四、实验内容与方法

1. 出菇菌棒的制作　出菇菌棒的制作与栽培种基本一致，配方：棉籽皮 80%、细米糠或麦麸 18%、石膏粉 1%、过磷酸钙 1%。每个菌棒重量在 2～3 kg，灭菌后备用。

2. 播种　灭菌后的菌棒，待袋内温度降至 28℃左右时即可以接种。优质的栽培种，菌种表面应无菇蕾（子实体原基），菌袋通体洁白无污染。接种时，先用消毒酒精对手和接种工具进行表面消毒，用镊子从栽培种菌袋中取拇指大小的菌种一块，直接接入菌棒袋内。一般采用在两端接种，也可以在袋中部打穴接种。

3. 发菌管理　发菌（spawn running）即营养菌丝生长繁殖过程，在培养料中，菌丝由表向里生长。发菌时间一般在 20～25 d。按菌丝在培养料上的生长发育顺序，发菌可分为以下 4 个时期。

（1）菌丝萌发期　是指在适宜的条件下，在接种后的菌种块上长出白色绒毛状菌丝的过程。这一时期，需要 1～3 d。

（2）菌丝定植期　是指菌丝萌发后与培养料接触，并开始向四周辐射生长，初见菌落的过程，俗称“吃料”。这一过程需 4～5 d。此时，尽量不要翻动菌袋。定植的快慢与菌种和培养基的质量及培养的环境条件有关。

（3）菌丝快速生长期　是指菌丝定植形成菌落后旺盛生长的过程。在适宜的条件下，随着菌丝前端的不断分支，菌丝生长逐渐加快，呼吸速率逐渐加强，培养料的温度不断升高，此时要特别注意散热通风换气。

（4）菌丝体生理成熟期　是指菌丝体布满整个培养料后，还需要再培养几天，此时，菌棒表面菌丝细胞生长缓慢，有的地方出现黄水珠，手拍菌棒“咚咚”作响。这标志着菌丝体已达生理成熟。

4. 出菇管理　平菇的出菇温度都比菌丝生长阶段的温度低一些，原基分化的温度又比子实体生长的温度更低一些。

将菌丝体达生理成熟（气生菌丝倒伏、生长势普遍减弱、颜色逐渐变深、菌棒表面出现黄色小水珠，甚至菌棒表面出现菌皮等）的菌棒移入出菇室，同时进行排袋码垛，每垛可码 7～8 层。

先拉大温差催蕾，白天与夜间温差 6～8℃为宜。并给予散射光，光强度为 200 lx。与此同时，在每个菌棒两端各纵向开口（约 1.5 cm）1～2 个，在增大空气相对湿度至 80%～85%的前提下，加强通气换气。待菌盖长大到 1.5～2.0 cm 时，将空气相对湿度提高到 85%～90%，光照强度为 300～500 lx。子实体长到七八成熟时采收。采收后，立即清除菇脚并打扫场地，停水 3～5 d 养菌。以后按照常规管理第二、第三潮菇。每潮菇间隔 7～14 d。

平菇子实体生长发育可分为以下 5 个时期。

(1)扭结期　双核菌丝生理成熟的过程也是菌丝扭结的过程，其实质是从营养生长阶段向生殖阶段转化的过程。这个时期外界的物理与化学刺激是必要的，主要的外界刺激包括低温、光照、机械振动、湿度变换等。

(2)桑葚期　当双核细胞菌丝达到生理成熟时，菌丝开始扭结并发育形成许多子实体原基(菇蕾)，即在培养基上出现许多白色粒状物，形状似桑葚所以称为桑葚期。在适宜条件下，从菌丝扭结到出现大量原基需 5～7 d。

(3)珊瑚期　部分原基逐渐伸长，其余的日渐萎缩。伸长的原基，开始向四周呈放射状，继续伸长，下粗上细，发育成参差不齐的原始菌柄，形如珊瑚，故称为珊瑚期。这一时期主要是菌柄发育期，原始菌柄不断伸长和加粗。在其顶端出现青灰色、蓝灰色等颜色不同的扁球体即为原始菌盖。

(4)子实体生长发育期　该时期主要是菌盖发育期，菌柄长势下降。在适宜条件下，子实体继续生长发育，菌蕾群中的大部分停止生长，最后只有少数几个长大。菌盖的生长发育特点是以菌盖边缘扩展为主，菌盖边缘细胞的分裂势最强。

(5)子实体的成熟期　这个时期，在形态上与子实体形成期不同，子实体成熟期其菌盖边缘薄，有明显的上翘趋势。子实体成熟期最明显的标志是在子实层中棍棒状的双核细胞菌丝顶端细胞产生担子。在担子中，两个细胞核融合，进行核配，产生一个双倍核，接着进行减数分裂，产生 4 个单倍体的子核，每一个子核形成一个担孢子，孢子成熟后，从菌褶上弹射出来，完成一个生活周期。

五、作业与思考题

1. 平菇栽培主要有哪几种方式，试分析各种栽培方式的优缺点。

2. 平菇栽培过程中，你认为哪些环节是平菇栽培的关键？

3. 将平菇发菌、出菇过程和管理措施填入表 35-1 中。

表 35-1　平菇发菌、出菇过程和管理措施记录

培养时间	发菌、出菇情况	管理措施
	温度____℃；湿度____%	

附录Ⅰ　教学常用菌种

细菌

埃希氏菌属 *Escherichia*

大肠杆菌 *Escherichia coli*

肠杆菌属 *Enterobacter*

产气肠杆菌 *Enterobacter aerogenes*

葡萄球菌属 *Staphylococcs*

金黄色葡萄球菌 *Staphylococcs aureus*

八叠球菌属 *Sarcina*

藤黄八叠球菌 *Sarcina lutea*

芽孢杆菌属 *Bacillus*

枯草芽孢杆菌 *Bacillus subtilis*

苏云金芽孢杆菌 *Bacillus thurngiensis*

蕈状芽孢杆菌 *Bacillus mycoides*

巨大芽孢杆菌 *Bacillus megatherium*

胶质芽孢杆菌 *Bacillus mucilaginosus*

假单胞菌属 *Pseudomonas*

荧光假单胞菌 *Pseudomonas fluorescens*

铜绿假单胞菌 *Pseudomonas aeruginosa*

变形杆菌属 *Proteus*

普通变形杆菌 *Proteus vulgaris*

链球菌属 *Streptococus*

乳酸链球菌 *Streptococus lactis*

嗜热链球菌 *Streptococus thermophilus*

乳杆菌属 *Lactobacillus*

保加利亚乳杆菌 *Lactobacillus bulgaricus*

梭菌属 *Clostridium*

巴氏梭菌 *Clostridium pasteurianum*

丙酮丁醇梭菌 *Clostridium acetobutylicum*

产气荚膜梭菌 *Clostridium perfringens*

根瘤菌属 *Rhizobium*

大豆根瘤菌 *Rhizobium japonicum*

固氮菌属 *Azotobacter*

圆褐固氮菌 *Azotobacter chroococcum*

放线菌

链霉菌属 *Streptomyces*

紫色直丝链霉菌 *Streptomyces violaceorectus*

黑化链霉菌 *Streptomyces nigrificans*

丰加链霉菌 *Streptomyces toyocaensis*

天蓝色链霉菌 *Streptomyces coelicolor*

细黄链霉菌 *Streptomyces microflavus*

放线菌属 *Actinomyces*

诺卡氏菌属 *Norcardia*

小单胞菌属 *Micromonospora*

棘孢小单胞菌 *Micromonospora echinospora*

酵母菌

酵母属 *Saccharomyces*

酿酒酵母 *Saccharomyces cerevisiae*

假丝酵母属 *Candida*

热带假丝酵母 *Candida tropicalis*

产朊假丝酵母 *Candida utilis*

红酵母属 *Rhodotorula*

深红酵母 *Rhodotorula rubra*

霉菌

根霉属 *Rhizopus*

黑根霉 *Rhizopus nigricans*

米根霉 *Rhizopus oryzae*

毛霉属 *Mucor*

高大毛霉 *Mucor mucedo*

曲霉属 *Aspergillus*

黑曲霉 *Aspergillus niger*

米曲霉 *Aspergillus oryzae*

青霉属 *Penicillium*

产黄青霉 *Penicillium chrysogenum*

木霉属 *Trichoderma*

绿色木霉 *Trichoderma viride*

镰刀菌属 *Fusarium*

串珠镰刀菌 *Fusarium moniliforme*

侧耳属 *Pleurotus*

糙皮侧耳 *Pleurotus ostreatus*

附录Ⅱ　教学常用染色液及封片剂

1. 草酸铵结晶紫染液(革兰氏染色用)

A 液:结晶紫	2.5 g
95%酒精	25.0 mL
B 液:草酸铵	1.0 g
蒸馏水	100 mL

将结晶紫研细后,加入 95%酒精,使之溶解,配成 A 液;将草酸铵溶于蒸馏水,配成 B 液;两液混合即成。

2. 番红染液(革兰氏染色用)

番红 O	2.0 g
蒸馏水	100 mL

3. 路戈氏(Lugol)碘液(革兰氏染色用)

碘	1.0 g
碘化钾	2.0 g
蒸馏水	300 mL

先用少量蒸馏水溶解碘化钾,然后再将碘溶于碘化钾溶液中,溶时可稍加热,最后加蒸馏水至 300 mL,贮存于棕色瓶中。

4. 0.5%番红染液

番红 O	2.5 g
酒精	100 mL

将 2.5%番红酒精原液贮存于棕色瓶中,使用时取 20 mL 原液加 80 mL 蒸馏水混匀即可。

5. 0.1%结晶紫染液

结晶紫	0.1 g

冰醋酸 0.25 mL

蒸馏水 100 mL

6.5%孔雀绿染液(芽孢染色用)

孔雀绿 5.0 g

蒸馏水 100 mL

先将孔雀绿研细,加少许95%酒精溶解,再加蒸馏水。

7.细菌鞭毛染色染液(镀银染色法)

A液:丹宁酸 5 g

$FeCl_3 \cdot 6H_2O$ 1.5 g

福尔马林(15%甲醛) 2.0 mL

NaOH(1%) 1.0 mL

蒸馏水 100 mL

将丹宁酸和三氯化铁溶于水后加入福尔马林和NaOH,过滤后使用。

B液:$AgNO_3$ 2.0 g

蒸馏水 100 mL

将硝酸银溶解后,取出10 mL备用,向其余的90 mL硝酸银液中加浓氢氧化铵,则形成很浓厚的沉淀,再继续滴加氢氧化铵到刚刚溶解沉淀成为澄清溶液为止。再将备用的硝酸银溶液慢慢滴入,则出现薄雾,但轻轻摇动后,薄雾状的沉淀又消失,继续滴入硝酸银溶液,直到摇动后,仍呈现轻微而稳定的薄雾状沉淀为止。如雾重,则银盐沉淀析出,不宜使用。

配好后的A液pH应在1.5~1.8,B液的pH应小于10,如高于10可多加保留的硝酸银溶液,直到pH在9.8~10为止。配好的染色液最好在4 h内使用。

8.细菌鞭毛染色染液(改良Leifson法)

丹宁酸 1.0 g

碱性品红 0.4 g

NaCl 0.5 g

将碱性品红用33 mL 95%酒精溶解,丹宁酸和NaCl用蒸馏水溶解,三者混合后补足蒸馏水至100 mL。使用前用调pH 5.0,4℃冰箱保存,可稳定1个月。

9.石炭酸复红染液

A液:碱性复红 0.3 g

95%酒精	10 mL
B液:石炭酸	5.0 g
蒸馏水	95 mL

将碱性复红溶于95%酒精中,配成A液;将石炭酸溶于蒸馏水中,配成B液。两液混合静置2 d后使用。

10. 0.1%美蓝染液

美蓝	0.1 g
蒸馏水	100 mL

11. 0.1%中性红染液

中性红	0.1 g
蒸馏水	100 mL

12. 0.5%苏丹黑染液

苏丹黑B	0.5 g
70%酒精	100 mL

混合后用力振荡,放置过夜后使用。

13. 乳酸石炭酸棉蓝染液

石炭酸	10 g
乳酸(比重1.21)	10.0 mL
甘油	20 mL
棉蓝(苯胺蓝)	0.02 g
蒸馏水	10 mL

将石炭酸加入蒸馏水,加热溶解,再加入乳酸和甘油,最后加入棉蓝,溶解即成。

14. 乳酸酚棉蓝染液

乳酸	20 mL
苯酚(石炭酸)	20 g
甘油	40 mL
蒸馏水	20 mL

苯酚加热溶解后将以上各成分配成合剂,有一定稠度,所以称为乳酚油。乳酚油可以单独使用,若加入染料则成乳酚油染液。使用最多的染料是棉蓝,用量

0.05%～0.1%，染液呈现蓝色。也可加入0.1%的酸性品红使染液呈现红色。

15. 甘油明胶封片剂

甘油	35.0 mL
明胶	5.0 g
蒸馏水	30 mL
石炭酸	每100 mL甘油明胶中加1.0 g

先将明胶水中浸透，加热至35℃，溶化后，加入甘油及石炭酸搅拌，用纱布过滤。

16. 明胶醋酸封片剂

明胶	10.0 g
石炭酸	28.0 g
冰醋酸	28.0 mL

将石炭酸溶于冰醋酸中，加入明胶，不加热而任其溶化，最后加甘油10滴，搅拌即成，如太干则加冰醋酸稀释。

附录Ⅲ　教学常用培养基

以下所列培养基除少数例子另行说明外，均可加入1.6%～1.8%的琼脂后得到固体培养基。

1. 牛肉膏蛋白胨培养基（培养细菌）

牛肉膏	3.0 g	蛋白胨	5.0 g
NaCl	5.0 g		
蒸馏水	1 000 mL		

pH 7.2～7.4

121℃灭菌20～30 min。

2. 阿须贝（Ashby）无氮培养基（培养自生固氮菌、钾细菌）

甘露醇（或葡萄糖）	10.0 g	$MgSO_4 \cdot 7H_2O$	0.2 g
KH_2PO_4	0.2 g	NaCl	0.2 g
$CaSO_4 \cdot 2H_2O$	0.2 g	$CaCO_3$	5.0 g
蒸馏水	1 000 mL		

pH 7.0～7.2

115℃灭菌20～30 min。

3. 高氏合成一号培养基（培养放线菌）

可溶性淀粉	20.0 g	KNO_3	1.0 g
$K_2HPO_4 \cdot 3H_2O$	0.5 g	$MgSO_4 \cdot 7H_2O$	0.5 g
NaCl	0.5 g	$FeSO_4 \cdot 7H_2O$	0.01 g
蒸馏水	1 000 mL		

pH 7.2～7.4

121℃灭菌20～30 min。

可溶性淀粉先用少量水搅匀，然后徐徐倒入煮沸的溶液中溶解，边倒入边迅速搅匀。

4. 马铃薯培养基(PDA,培养真菌)

去皮马铃薯	200.0 g	葡萄糖(或蔗糖)	20.0 g
蒸馏水	1 000 mL		
pH 自然			

葡萄糖 115℃灭菌 20~30 min,蔗糖 121℃灭菌 20~30 min。

马铃薯去皮后称重,切成 1 cm^3 左右的小块,加水煮沸 20~30 min,用 4 层纱布过滤后,取其清液供配制用。

5. 查氏培养基(培养霉菌)

蔗糖	30.0 g	KH_2PO_4	1.0 g
$NaNO_3$	2.0 g	$MgSO_4 \cdot 7H_2O$	0.5 g
KCl	0.5 g	$FeSO_4 \cdot 7H_2O$	0.01 g
蒸馏水	1 000 mL		
pH 自然			

121℃灭菌 20~30 min。

6. LB 培养基

蛋白胨	10.0 g	酵母粉	5.0 g
NaCl	10.0 g		
蒸馏水	1 000 mL		
pH 7.0~7.2			

121℃灭菌 20~30 min。

7. 马丁氏培养基

葡萄糖	10.0 g	蛋白胨	5.0 g
KH_2PO_4	1.0 g	$MgSO_4 \cdot 7H_2O$	0.5 g
1/300 孟加拉红水溶液	10.0 mL		
蒸馏水	1 000 mL		
pH 6.8~7.0			

115℃灭菌 20~30 min。

使用时,每 10 mL 培养基中加 0.03%链霉素溶液 1 mL(含链霉素 30 μg/mL)。

8. 土壤浸出液培养基(A 配方,形成细菌芽孢)

牛肉膏	3.0 g	蛋白胨	5.0 g

土壤浸汁	250 mL		
蒸馏水	750 mL		

pH 7.2

121℃灭菌 20～30 min。

土壤浸出液培养基(B配方,根际细菌的分离计数)

蛋白胨	1.0 g	酵母浸膏	1.0 g
$K_2HPO_4 \cdot 3H_2O$	0.4 g	$(NH_4)_2HPO_4$	0.5 g
$CaCl_2$	0.5 g	$FeCl_3 \cdot 6H_2O$	0.01 g
$MgSO_4 \cdot 7H_2O$	0.005 g		
土壤浸汁	250 mL		
蒸馏水	750 mL		

pH 7.4

121℃灭菌 20～30 min。

土壤浸液制备:取肥沃的菜园土1 000 g加1 000 mL自来水,100℃煮沸30 min,冷却澄清后过滤,过滤清液即为土壤浸出液。

9. 固体油脂培养基

蛋白胨	10.0 g	牛肉膏	5.0 g
NaCl	5.0 g	香油	10.0 g
1.6%中性红水溶液	1.0 mL		
水	1 000 mL		
琼脂	16～18 g		

pH 7.2

121℃灭菌 20～30 min。

油、琼脂和水先加热,调pH后再加入中性红,分装时不断搅拌,使油均匀分布于培养基中。

10. 固体淀粉培养基

蛋白胨	10.0 g	牛肉膏	5.0 g
NaCl	5.0 g	可溶性淀粉	2.0 g
蒸馏水	1 000 mL		
琼脂	16～18 g		

pH 7.2

121℃灭菌 20～30 min。

11. 明胶培养基

蛋白胨	5.0 g	牛肉膏	3.0 g
明胶	100～150 g		
蒸馏水	1 000 mL		

pH 7.2～7.4

115℃灭菌 20～30 min。

加热融化后，趁热分装试管，培养基高度为 4～5 cm。

12. 石蕊牛奶培养基

脱脂牛奶	100 mL
2.5%石蕊溶液	4.0 mL

pH 6.8～7.0

115℃灭菌 20～30 min。

脱脂牛奶制备：新鲜牛奶煮沸，放凉后离心分层，下层即为脱脂牛奶，或 100 g 脱脂奶粉溶于 1 000 mL 水中。

石蕊溶液的制备：2.5 g 石蕊浸泡于 100 mL 蒸馏水中，过夜或更长时间，充分搅拌使其溶解，过滤后即可。

石蕊牛奶培养基的颜色以丁香花紫色为适度，分装试管，装量 4～5 cm 高。

13. 糖发酵液体培养基

蛋白胨	2.0 g	$K_2HPO_4 \cdot 3H_2O$	0.2 g
NaCl	5.0 g		
蒸馏水	1 000 mL		
1.0%溴麝香草酚蓝	2～3 mL		

pH 7.2～7.4

115℃灭菌 20～30 min。

1.0%溴麝香草酚蓝的配制：称取 1.0 g 溴麝香草酚蓝，先用少量 95%乙醇溶解后，补足蒸馏水至 100 mL。

先分别称取蛋白胨、$K_2HPO_4 \cdot 3H_2O$ 和 NaCl 溶于热水中，调 pH 至 7.2～7.4，加入指示剂溴麝香草酚蓝。分别加入 1.0%的底物(糖类)，分装试管，装量

4～5 cm 高，倒置放入 1 个杜氏小管。115 ℃ 灭菌 20～30 min。灭菌时注意适当延长排气时间，尽量把冷空气排尽以使杜氏小管内不残存气泡。如果杜氏小管内残存气泡则不能使用。

14. 葡萄糖蛋白胨液体培养基

葡萄糖	5.0 g	蛋白胨	5.0 g
$K_2HPO_4 \cdot 3H_2O$	5.0 g		
蒸馏水	1 000 mL		

pH 7.2～7.4

115℃灭菌 20～30 min。

分装试管，装量 4～5 cm 高。

15. 胰蛋白胨液体培养基

胰蛋白胨	10.0 g
蒸馏水	1 000 mL

pH 7.2～7.4

115℃灭菌 20～30 min。

分装试管，装量 4～5 cm 高。

16. 柠檬酸盐培养基

柠檬酸钠	2.0 g	$(NH_4)H_2PO_4$	1.0 g
$K_2HPO_4 \cdot 3H_2O$	1.0 g	$MgSO_4 \cdot 7H_2O$	0.2 g
NaCl	5.0 g		
1%溴麝香草酚蓝	10.0 mL		
水洗琼脂	18 g		
蒸馏水	1 000 mL		

pH 7.0

121℃灭菌 20～30 min。

灭菌后摆成长斜面。

17. 产硫化氢固体穿刺培养基

牛肉膏	7.5 g	蛋白胨	10.0 g
NaCl	5.0 g		
明胶	100～120 g		

10%$FeCl_2$	5.0 mL
蒸馏水	1 000 mL

pH 7.0

115℃灭菌 20～30 min。

10% $FeCl_2$ 水溶液过滤除菌，在明胶培养基尚未凝固时加入(无菌操作)，分装无菌试管(无菌操作)，培养基高度 4～5 cm，立即置于冷水中，使其冷却凝固。

18. 苯丙氨酸脱氨酶测定培养基

酵母膏	3.0 g	Na_2HPO_4	1.0 g
DL-苯丙氨酸	2.0 g		
或 L-苯丙氨酸	1.0 g		
NaCl	5.0 g		
蒸馏水	1 000 mL		

pH 7.0

121℃灭菌 20～30 min。

灭菌后摆成长斜面。

19. 脲酶测定培养基

葡萄糖	1.0 g	蛋白胨	1.0 g
KH_2PO_4	2.0 g	NaCl	5.0 g
0.2%酚红水溶液	6.0 mL		
蒸馏水	1 000 mL		

pH 6.8～6.9

115℃灭菌 20～30 min.

调节 pH 至 6.8～6.9，使培养基呈橘黄色或略带粉红，115℃灭菌。20%尿素水溶液过滤除菌，在培养基冷却到 50℃左右时加入(无菌操作)，终浓度为 2.0%。分装无菌试管(无菌操作)，然后摆成长斜面。

20. 强化梭菌培养基

葡萄糖	5.0 g	可溶性淀粉	1.0 g
酵母膏	3.0 g	牛肉膏	10.0 g
蛋白胨	10.0 g	半胱氨酸盐酸盐	0.5 g
NaCl	3.0 g	醋酸钠	3.0 g

刃天青	3.0 mg		
蒸馏水	1 000 mL		

pH 8.5

121℃灭菌 20～30 min。

21.玉米醪培养基

玉米粉 65 g,自来水 1 000 mL,混匀,煮 10 min 成糊状,pH 自然,121℃灭菌 30 min。

22.酵母膏蛋白胨(YPD)培养基

酵母膏	10.0 g	蛋白胨	20.0 g
葡萄糖	20.0 g		
蒸馏水	1 000 mL		

pH 6.0～6.5

115℃灭菌 20～30 min。

23.10%脱脂奶粉培养基

100 g 脱脂奶粉加 1 000 mL 蒸馏水,混匀、溶解,pH 自然,115℃灭菌 30 min。或新鲜牛奶煮沸,放凉后离心分层,下层为脱脂牛奶,115℃灭菌 30 min。

24.乳酸菌培养基

胨化牛乳	15.0 g	酵母膏	5.0 g
葡萄糖	10.0 g	西红柿汁	100 g
KH_2PO_4	2.0 g	吐温-80	10.0 mL
蒸馏水	1 000 mL		

pH 6.0～6.5

115℃灭菌 20～30 min。

25.月桂基硫酸盐胰蛋白胨(LST)培养基

胰蛋白胨或胰酪胨	20.0 g	NaCl	5.0 g
乳糖	5.0 g	$K_2HPO_4 \cdot 3H_2O$	2.75 g
KH_2PO_4	2.75 g		
月桂基磺酸钠	0.1 g		
蒸馏水	1 000 mL		

pH 6.6～7.0

121℃灭菌 20～30 min。

分装试管，每管 10 mL，放入倒置杜氏小管 1 个，灭菌时充分排气，以使杜氏小管内不残存气泡，如果杜氏小管内残存气泡则不能使用。

26. 煌绿乳糖胆盐(BGLB)培养基

蛋白胨	10.0 g	乳糖	10.0 g
牛胆粉(oxgall 或 oxbile)溶液	200 mL		
0.1%煌绿水溶液	13.3 mL		
蒸馏水	1 000 mL		

pH 7.1～7.3

121℃灭菌 20～30 min。

分装试管，每管 10 mL，放入倒置杜氏小管 1 个，灭菌时充分排气，以使杜氏小管内不残存气泡，如果杜氏小管内残存气泡则不能使用。

27. 结晶紫中性红胆盐(VRBA)培养基

蛋白胨	7.0 g	酵母膏	3.0 g
乳糖	10.0 g	NaCl	5.0 g
中性红	0.03 g	结晶紫	0.002 g
胆盐或 3 号胆盐	1.5 g		
蒸馏水	1 000 mL		
琼脂	15～18 g		

pH 7.3～7.5

将上述成分溶于蒸馏水中，静置几分钟，充分搅拌，调 pH，煮沸 2 min，将培养基冷却至 45～50℃倾注平板。使用前临时制备，超过 3 h 不能使用。

28. 乳糖蛋白胨培养基

蛋白胨	10.0 g	牛肉膏	3.0 g
乳糖	5.0 g	NaCl	5.0 g
溴甲酚紫乙醇溶液(16 g/L)	1.0 mL		
蒸馏水	1 000 mL		

pH 7.2～7.4

115℃灭菌 20～30 min。

将蛋白胨、牛肉膏、乳糖及 NaCl 溶于蒸馏水中，调节 pH 至 7.2～7.4，再加入溴甲酚紫乙醇溶液 1.0 mL，充分混匀，分装试管并放入倒置杜氏小管 1 个，115℃ 灭菌 20～30 min，贮存于冷暗处备用。

29. 伊红美蓝培养基

蛋白胨	10.0 g	乳糖	10.0 g
$K_2HPO_4 \cdot 3H_2O$	2.0 g	2%伊红水溶液	20.0 mL
0.5%美蓝水溶液	13.0 mL		
蒸馏水	1 000 mL		

pH 7.2

115℃灭菌 20～30 min。

30. 品红亚硫酸钠培养基

蛋白胨	10.0 g	酵母膏	5.0 g
牛肉膏	5.0 g	乳糖	10.0 g
$K_2HPO_4 \cdot 3H_2O$	3.5 g	无水亚硫酸钠	5.0 g
5%碱性品红乙醇溶液	20.0 mL		
蒸馏水	1 000 mL		

pH 7.2～7.4

115℃灭菌 20～30 min。

31. 甘露醇酵母汁培养基(培养根瘤菌)

甘露醇	10.0 g	酵母汁	100 mL
$K_2HPO_4 \cdot 3H_2O$	0.5 g	$MgSO_4 \cdot 7H_2O$	0.2 g
NaCl	0.1 g	$CaCO_3$	3.0 g
蒸馏水	900 mL		

pH 7.0～7.2

121℃灭菌 20～30 min。

酵母汁制法：称干酵母 100 g，加蒸馏水 1 000 mL，煮沸 1 h。冷却后置冰箱中保存，待酵母完全沉淀，取上层清液，即酵母汁。

加入结晶紫的甘露醇酵母汁培养基，在上述每 1 000 mL 培养基中加入 10.0 mg 结晶紫。结晶紫液配制使用法：1.0 g 结晶紫研碎后，加少量 95%酒精细研，至完全溶解。加蒸馏水稀释成 100 mL，得 1.0%结晶紫液(即 10.0 mg/mL 结晶紫），每 1 000 mL 培养基加 1.0 mL 1.0%结晶紫液即可。

32. 无氮培养基（根瘤菌回接）

$Ca(NO_3)_2$	0.03 g	$CaSO_4$	0.46 g
$K_2HPO_4 \cdot 3H_2O$	0.136 g	$MgSO_4 \cdot 7H_2O$	0.06 g
KCl	0.075 g	柠檬酸铁	0.075 g
微量元素液	1.0 mL		
蒸馏水	1 000 mL		

pH 7.2～7.4

121℃灭菌 20～30 min。

微量元素液配方：H_3BO_3 2.86 g、$MnSO_4$ 1.81 g、$ZnSO_4$ 0.22 g、$CuSO_4$ 0.80 g、H_2MoO_4 0.02 g、蒸馏水 1 000 mL。

附录Ⅳ　教学常用消毒剂

1.5%石炭酸溶液

石炭酸	5.0 g
蒸馏水	100 mL

2.5%甲醛

35%甲醛原液	100 mL
蒸馏水	600 mL

3.3.0%双氧水

30% H_2O_2	100 mL
蒸馏水	900 mL

密闭、避光、低温保存。

4.2.0%煤酚皂(来苏水)

煤酚皂原液(47%～53%)	40 mL
蒸馏水	960 mL

5.0.1%升汞水溶液

升汞($HgCl_2$)	0.1 g
浓盐酸	0.2 mL
蒸馏水	100 mL

先将升汞溶于浓盐酸中,再加入水。

6.75%酒精

95%酒精	75 mL
蒸馏水	20 mL

7.0.25%新洁尔灭

5.0%新洁尔灭	50 mL

蒸馏水 950 mL

8. 漂白粉溶液

漂白粉 10 g

蒸馏水 140 mL

使用时配制。

参考文献

[1] 袁红莉,王贺祥. 农业微生物学及实验教程. 北京:中国农业大学出版社,2008.

[2] 王贺祥. 食用菌学. 北京:中国农业大学出版社,2004.

[3] 宋渊. 微生物学. 北京:中央广播电视大学出版社,2010.

[4] 黄秀梨. 微生物学实验指导. 北京:高等教育出版社,1999.

[5] 周德庆. 微生物学实验教程..2 版. 北京:高等教育出版社,2006.

[6] 沈萍,陈向东. 微生物学实验. 4 版. 北京:高等教育出版社,2007.

[7] 微生物学实验指导. 中国农业大学自编教材. 1983.

[8] 细菌分类学实验指导. 中国农业大学自编教材. 1984.

[9] 食品卫生微生物学检验　大肠菌群计数. 中华人民共和国国家标准. GB/T 4789.3—2010,2010.

[10] 生活饮用水卫生标准. 中华人民共和国国家标准. GB/T 5749—2006,2006.

[11] Presscott L M, et al. Microbiology. 6th ed. New York: McGraw-Hill Higher Education.,2005.

[12] Madigan M T, et al. Brock Biology of Microorganisms. 10th ed. New Jersy:Prentice Hall,2003.